河原林健一／田井中麻都佳

これも数学だった!?
カーナビ・路線図・SNS

丸善ライブラリー

はじめに

離散数学はパラパラ漫画!?

本書では，僕の専門分野である「離散数学」とその周辺の学問について，これから数学を学ぼうとしている高校生や，将来，プログラマーとしてIT関連企業などで活躍したいと思っている人，学校の数学には挫折してしまったけれど数学好きな人など，専門家以外の方々を対象にお話したいと思っています．それがどのような学問で，どのような考え方の上に成り立っていて，私たちの生活にどれほど役に立っているのかということをわかりやすく伝えることによって，離散数学的なモノの見方に触れていただきたい，というのが本書の狙いです．

なかには，「離散数学」など聞いたこともないという人もいらっしゃるかもしれません．それも当然です．なぜなら，離散数学というのは，数学の中では比較的新しい学問だからです．学問としてきちんと体系付けられたのは，ここ100年くらいでしょうか．とりわけ，20世紀になってコンピューターの発展とともに，離散数学は非常に重要な学問になってきました．

なぜ，離散数学がコンピューターの発展に欠かせないかといえば，離散数学が，コンピューターで扱う「0」と「1」のように，とびとびの数を対象としているから

です．

　「離散」という言葉を聞くと，皆さんは「離散家族」とか，何かバラバラなものや，点在しているもののイメージをもつのではないでしょうか．そもそも，「離散」というのは，「連続」に対応する概念のこと．したがって，離散数学が対象にしているのも，つながっていない，とびとびの数ということになります．

　しかも，ここでは有限の数だけを扱います．つまり，1個，2個，3個と数え上げられる数だけを対象としているのです．じつは私たちが高校までで習う数学は，基本的には無限と連続を対象にした数学です．というのも，物事の現象というのは，ほとんどすべてが連続的につながっているからです．

　たとえば，自動車を走らせれば，その動きも速度も連続して変化し続けるでしょう．本来，自動車の動きというのは連続的な現象です．しかし，その現象を時間軸をずっと追いながら解析するのはとても難しい．そこで自動車の動きをわかりやすくするために，あるところでポンと止めて，止めた時点で何が起こっているのかを解析してやるのです．次に1分後の状態を，さらに2分後，3分後というふうに，とびとびに解析すれば，少ない計算回数で，近似値を得ることができる．それが離散数学のやり方です．つまり，離散数学というのは，連続した事象を捉えやすくするための学問でもあるのです．

　そう考えると，離散数学というのは，「パラパラ漫画」のようなものということもできます．アニメーションは

連続した動きに見えますが，ご存じのように，その元となるのは少しずつ変化する絵が描かれたコマで，それらをつなげて連続して見せています．原理はパラパラ漫画と同じです．そのパラパラ漫画の1コマ1コマを解析する，というのが離散数学の学問のイメージに近いのではないかと思います．物事をアニメの1コマのように，つまり離散的に捉え，数学的に解析するやり方が離散数学の本質的な考え方というわけです．

もっとも，離散数学に対して，「連続数学」という言葉はありません．数学というのは，現象をすべて連続的な量の変化で見ることが基本だからです．しかし，先ほどもいったように，連続を解析するのは非常に難しい．とくに実世界では，刻一刻と状況が変化していきますから，そういう現象をパッと式で表すなんてことは，どんな天才でもまずできません．たとえ式で表すことができたとしても，膨大な計算が必要になってしまう．そこで，物事をわかりやすくするために，区間ごとに区切って，一つずつ解析し，それをつなぎ合せて全体像を見ていく．その区切った瞬間の解析を離散数学が担っているということになります．

ほかにも，離散数学とその周辺の学問を駆使すれば，物事のつながりを示したり，目的地までの最短距離を調べたり，物や人の組合せを考えたり，ときには人間関係を解き明かしたりすることもできます．こんなことまで数学で扱えるのかと驚かれる方もいらっしゃるでしょう．

はじめに　　v

具体的には，携帯電話やカーナビ，電力需給，物流，プロ野球の対戦スケジュール，ソーシャルネットワーク(SNS)，さらには結婚問題に至るまで，じつにさまざまな分野に離散数学が応用されています．数学的に考えることができる問題ならば，日常のどんなことでも扱うことができるというのが，離散数学の大きな利点といえます．

本書では，その離散数学と周辺の学問を垣間見ると同時に，僕のような研究者がどのような研究生活を送っているのか，ということにも触れることにしました．難しい問題を独りで籠って解いているような数学者だけでなく，私たちの日々の暮らしに役に立つ最先端の研究をしている数学者たちのことを，より多くの人に知っていただけたらと考えたからです．

ところどころに，頭の体操となるような問題も用意しました．回答は http://www.nii.ac.jp/about/publication/jouhouken-series/ にあります。興味のある方はご覧ください。

ぜひ，本書を通して，新しい数学である離散数学の世界に触れていただければ幸いです．

目　次

はじめに　iii

離散数学はパラパラ漫画⁉ ……………………………… iii

第1章　社会の役に立つ新しい数学の世界　1

1. 変わりつつある数学と数学者の定義……………… 2
   Column 1　データマイニング ……………………… 4
2. 数学者でも専門が違えばチンプンカンプン⁉ … 6
   Column 2　フィールズ賞，アーベル賞，ネヴァンリンナ賞 … 9
3. どんどん広がる数学の応用分野…………………… 11
4. 数学者のセンスが問われるモデル化……………… 12
5. 離散数学とはどんな学問？………………………… 15
   Column 3　フェルマーの最終定理………………… 16
6. 七つの橋を，点と線からなるグラフに
   置き換えたオイラー………………………………… 18
7. 地図や鉄道路線図に応用されている
   「トポロジー」……………………………………… 21
   Column 4　ポアンカレ予想とペレルマン………… 23
8. ドーナツとコーヒーカップは同じもの⁉ ……… 25
9. 世紀の難問，「四色定理」………………………… 27
10. 四色定理と携帯電話の周波数割り当て…………… 31

第2章 コンピューターと離散数学は大の仲よし 35

1. チューリングが考案したチューリングマシン…36
2. コンピューターは足し算と引き算しかできない!?……38
   Column 5 2進法, 10進法, 16進法, 24進法, 60進法 ……39
3. コンピューターの計算を速めるのに必要な「並び替え」……41
4. トーナメント方式による試合数を計算する……44
5. パーティー会場で同じ誕生日の人に出会っても, 運命だと思ってはいけない……45
6. テニスボール問題に挑戦しよう……46
7. 総当たり戦よりも, トーナメント方式のほうが, ずっとお得な理由……50
8. テニスボール問題からソーティングへ……54
9. コンピューターの計算量を減らすために……55
10. 計算量が爆発すると, 一生かかっても解けない……57
11. 野球の試合スケジュールに, 離散数学を役立てる……61
12. メジャーリーグ方式で移動距離を短く……63
13. Jリーグの対戦スケジュールの妙……68
14. 対戦スケジュールにコンピューターを導入……70

第3章 つながりを解き明かすと，意外なものが見えてくる 73

1. 離散数学はカーナビにも使われている……………74
2. 正確な答えよりも，そこそこの答えを速く出す……………77
3. ターゲットを立てて，計算速度を速くする……80
4. どうしても解くことができない，「巡回セールスマン問題」……………82
   Column 6　クレイ数学研究所とミレニアム懸賞問題　……86
5. 結婚も離散数学でかたがつく!?……………87
6. ビールとオムツの意外な関係……………91
7. エルデシュ・ナンバーとスモール・ワールド現象……………92
8. ハリウッド版のスモール・ワールド現象，「ベーコン・ナンバー」……………97
9. ソーシャルネットワークとクラスタリング……99
10. 人のつながりが見えると，行動も変わる!?… 101
11. オペレーションズ・リサーチという学問…… 103
12. ゲーム理論における「ゼロサムゲーム」…… 105
    Column 7　ジョン・フォン・ノイマン　………… 109
13. 黙秘か自白か，「囚人のジレンマ」……………… 111

第4章 深淵なる離散数学の世界 115

1. お掃除ロボット「ルンバ」と平面グラフ…… 116
2. 皇居はドーナツの穴？……………………… 118

3．コンピューターにわかる言葉に翻訳することの
　　　難しさ……………………………………………… 120
　4．数学での証明が100％の保証になる ………… 122
　5．数学者として求められるセンス……………… 126

第5章　計算もプログラミングも嫌いだから
　　　　　数学者になった!?　129

　1．0/1の世界をつくったクロード・シャノン … 130
　2．AI研究にも影響を与えたシャノン ………… 133
　3．計算もプログラミングも大嫌い……………… 137
　4．数学者は若くないとダメ!?…………………… 139
　　　Column 8　夭折の数学者たち ………………… 142
　5．風変わりな数学者たち………………………… 144
　6．プリンストンのお茶の時間…………………… 147
　7．アメリカの評価と日本の評価の違い………… 149
　8．いかにして研究成果を発表するか…………… 151
　9．国際学会のこと………………………………… 153
　10．メモとホワイトボードは必需品……………… 156
　11．難問を解かずにいられない数学者の宿命…… 158
　12．ERATOのこと ………………………………… 165
　13．「河原林巨大グラフ」プロジェクトが始動 … 168
　14．シャノンのような人材を育てたい…………… 172

おわりに　177
著者紹介　181
参考文献　183

第 1 章

社会の役に立つ
新しい数学の世界

1. 変わりつつある数学と数学者の定義

　数学といえば，皆さんは，代数や解析，幾何などを思い浮かべるのではないでしょうか．高校で習う二次方程式は「代数」，三角関数や微分積分は「解析」，図形やベクトルは「幾何」の分野に分類されます．この三つが数学の代表的な分野で，大変古い歴史があります．さらに確率論や集合論，統計学，離散数学とも重なる分野であるトポロジー（位相幾何学）なども入れると，数学というのは大きく分けて，だいたい十数種類の分野に分類することができます．

　ところが近年，この数学の範囲がどんどん広がりつつあるのです．そのため，僕自身，数学の定義をかなり広く捉えています．僕の数学のイメージを理解していただくために，一般にいわれる数学の範囲と，僕がイメージする数学の範囲の違いを図表1に書き表してみました．

　これを見て，おやっと思った方もいるかもしれません．本来，図表1に挙げたアルゴリズム論や計算理論，さまざまな計画に際してもっとも効率的な方法を探るオペレーションズ・リサーチ（OR）などの分野は工学や経済，商学寄りの学問で，通常はコンピューター・サイエンスの範疇となります．そのため，この分野の研究者たちは，エンジニアとかプログラマーなどといわれることのほうが一般的です．しかし僕は，これらも数学の一分野だと見なしています．ほかにも，一般的にトポロジ

```
物 理 ⇐=== 純粋数学 ===⇒ 応用数学 ===⇒ 工 学
```

- - - 一般的な数学の範囲
・・・・・・一般的な数学の境界領域
―― 本書の(筆者の考える)数学の範囲

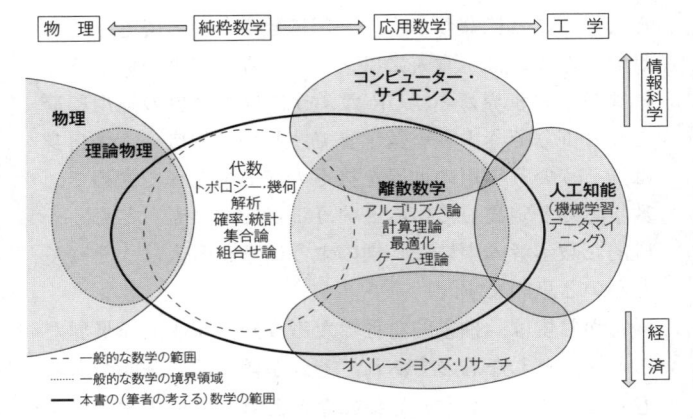

図表1 数学の範囲

ーと離散数学は別物として扱われますが,僕はルーツを同じくするという意味で,この二つの学問を兄弟のように捉えています.

さらに,数学の延長線上に人工知能(AI)まで視野に入れています.もちろん,AI は工学の一分野で数学ではありませんが,数学とは大変深いつながりがある学問です.AI というのは,コンピューターに人間のような知能をもたせようという目的から始まった研究分野ですが,近年では,扱う範囲がどんどん広がってきて,データマイニングやスケジューリングなど,コンピューター・サイエンスの最先端の研究が行われています.そこに,数学が大いに関わっているのです.

要するに,僕が数学をこれほどまでに広く捉えるのは,数学で扱える対象物がどんどん広がってきているか

らということになります．一口に数学といっても，その対象となるのは，常人にはまったく理解できないような抽象数学の世界から，ORのように現実世界の運用にぴたりと寄りそうような数学まで，じつに幅広い．僕自身は，そういう実用の世界を扱う人までをすべて含めて，数学者だと定義しているということです．もっとも，一般的な数学者の中には，僕のように考える人は，そう多くないと思います．

　しかし僕は，抽象的な世界だろうが，現実的な世界だろうが，どんなものであれ，それが数学的に証明できるものであれば，数学の対象になると考えています．ですから，数学的対象を扱っている人はすべて，数学者と定義してもいいのではないかと思うのです．誰もがそれを読むことができ，まぎれもなく正しいと認識できるものを示せれば，つまり証明が成り立つものを提示できれば，その人は数学者たりえる，そう考えています．

Column 1　データマイニング

　データマイニングとは，Web上に蓄積される大量のデータや小売店の販売履歴，携帯電話の通話記録，日々変化する気象データなど，大量に蓄積されるデータを解析し，データ間の相関を見たり，傾向を探ったり，法則を見出すなど，数学的手法を使って隠れている知識を探り出すことをいいます．2000年ごろから，その重要性が指摘されるようになり，大量のデータの中に宝の山が眠っているとして，注

目されるようになりました.

たとえば,車を買った人の年齢と金額の相関を見るだけでなく,そこに性別や年収,住所,職種,子供や配偶者の有無を見ることで,どんな人がどんな車を買ったのかという関係性を探ることが可能になります.その結果をマーケティングなどに取り入れ,商品開発や広告戦略などに役立てることができるというわけです.

実際に,「オムツを買う人は,ビールも一緒に買う」とか,「雨の日は肉がよく売れる」などといった,思いがけない相関が得られることがあり,新規顧客の開拓や売上に貢献できるとして,情報戦略の面から大いに期待されています.また,カードの不正利用をパターン認識で検出するといった技術も開発されていて,データマイニングが実社会のさまざまな場面で役立てられつつあります.

ただし大量のデータを扱うことから,項目の組合せが多くなればなるほど,計算量が爆発的に増えてしまいます.そこで,計算量を減らすため,数学的な工夫によって,効率的に計算をする方法を見出すことが重要になります.アルゴリズム論や数理計画などの知見が大いに生かされる分野なのです.

一方で,これらのデータの中には個人情報が多く含まれていることから,その扱いには細心の注意が必要になります.

2. 数学者でも専門が違えばチンプンカンプン!?

　じつは，同じ数学者でも，数学というのはとても範囲が広いため，同業者といえども互いの研究内容は容易には理解できません．とくに古くからあるような純粋数学（応用を意識しない数学の学問分野）については，現代では，もう相当に高度に抽象化した世界ですし，分野が細分化しているので，専門が違えばまったく理解できないような内容になっています．もはや純粋数学の世界というのは，「芸術」の域に達しているといってもいいくらいで，それほど，数学というのは大変に幅が広く，とてつもなく深淵な世界であるということなのです．

　おそらく，普通の数学者は自分の分野のことしか知らないし，二つの分野に通じていれば相当なつわもの，三つの分野に通じていれば，もうスーパースターといっていいほどです．

　当然，僕自身も自分が関わっている離散数学と理論計算機科学以外の分野については詳しくはありません．だから，解析も代数も，大学院生程度の理解しかない．なかには五つくらいの分野に通じている数学者もいるかもしれませんが，もうそれは本当にまれなことです．そのような意味では，情報学のほうが一人で理解できる範囲はかなり広いように思います．

　たとえば，世紀の難問といわれていた「ポアンカレ予想」を解き，数学のノーベル賞といわれる「フィールズ

賞」を受賞したロシアの数学者,グレゴリー・ペレルマン（1966〜）の場合なら,トポロジーに加え,微分幾何学,解析学,さらには物理学の分野にまたがって研究をすることで問題を解くことができたといわれています.このような人は非常に珍しいタイプの数学者です.

ポアンカレ予想は,そもそもトポロジーの問題として認識されていましたが,ペレルマンはそれを微分幾何学の手法を使って解いてしまったので,トポロジーの学者たちは大変ショックを受けました.せっかく世紀の難問が解けたのに,トポロジーの学者たちには少しも理解できなかったからです.

つまり,彼がやっていることをきちんと正確に理解できる人というのは,数学者の中でもほんの一握り,数人の研究者しかいないということなのです.ポアンカレ予想の場合,論文の検証には,じつに3年もの歳月が費やされたことになります.

もちろん,数学者であれば,問題の意味は理解できるし,数式の数が合っていることはわかります.ただ,その式が何を意味しているのかさっぱりわからないものが多い.僕自身,フィールズ賞を受賞した人の名前は知っていても,実際にどういう仕事をした人なのかということがわかるのは,ほんの一握りの研究者についてだけです.当然,そうした論文を審査するのは容易ではありません.フィールズ賞の選考には,その分野のトップの研究者10人程度があたりますが,絞り込むのは大変な作業だといいます.

一方，計算機科学において，優れた数学的貢献をした研究者に贈られる「ネヴァンリンナ賞」については，僕の専門分野なので，こちらはもちろん理解できます．フィールズ賞は数学全般を対象としているのですが，範囲が広すぎて，優秀な人でも専攻から漏れてしまうことが多々ある．ですから最近では細分化された賞がいろいろと出てきているし，フィールズ賞に以前ほどには価値を置かない研究者も多くなってきているように思います．実際に近年，数学の分野で顕著な活躍をした人に贈られるアーベル賞や，離散数学の分野における優れた論文に贈られるファルカーソン賞などのメジャーな賞が設立されるようになりました．

　ちなみに僕は，2011年に第10回船井学術賞船井哲良特別賞を受賞しました．この賞は，DVDプレーヤーなどのAV製品を手掛ける船井電機を創業した船井哲良氏によって設立された賞で，情報技術，情報科学に関する研究について，顕著な功績があった，39歳以下の若い研究者を対象にしています．そのほかにも，文部科学省若手科学者賞（2006年）や，日本IBM科学賞（2008年），井上リサーチアウォード（2009年）などをいただいています．やはり，賞をいただけるというのは，研究者にとっては大変励みになります．

　話が横道に逸れましたが，いずれにしても数学というのは実に幅広い学問であり，ますますその範囲を広げているということ．そして，離散数学の分野というのは，私たちの暮らしの問題を解決し得る，使える数学だとい

うことなのです.

Column 2　フィールズ賞, アーベル賞, ネヴァンリンナ賞

数学者に与えられる賞の中でもっとも有名なのがフィールズ賞です. ノーベル賞が数学を対象としていないことから, 1936年にカナダ人数学者ジョン・チャールズ・フィールズ (1863～1932) の提唱によって設立されました. 4年に1度開催される国際数学者会議 (ICM) の中で, 数学の分野で顕著な業績をあげた40歳以下の若手数学者 (4人まで) に授与されます.

フィールズ

よく, フィールズ賞は数学のノーベル賞といわれますが, ノーベル賞は年齢制限がなく, 業績に対して送られる賞であるのに対して, フィールズ賞は年齢制限があり, 人に対して贈られる賞ということで性質を異にしています. つまり, フィールズ賞を複数受賞する, ということはあり得ないのです.

ちなみに, 日本人の受賞者には, 小平邦彦 (1915～1997 調和積分論, 二次元代数多様体など), 廣中平祐 (1931～ 代数幾何学), 森重文 (1951～ 代数幾何学における双有理幾何学) が名を連ねています.

一方のアーベル賞は, 2002年にノルウェー政府

が，ノルウェー出身の数学者ニールス・ヘンリック・アーベル（1802〜1829）の生誕200年を記念して設立した賞です．ノルウェー科学文学審議会から任命された5人の数学者による委員会で，毎年，受賞者を選定します．フィールズ賞と違って，アーベル賞には年齢制限がなく，賞金が高いのが特徴です．賞金は，アーベル賞がノーベル賞と同額の1億円（正確には，アーベル賞600万ノルウェー・クローネ，ノーベル賞800万スウェーデン・クローナ）に対して，フィールズ賞は100〜200万円とけた違いなのです．

　また，計算機科学において，数学的貢献をした研究者に贈られる賞にネヴァンリンナ賞があります．フィンランドの数学者ロルフ・ネヴァンリンナ（1895〜1980）にちなみ，1981年に国際数学連盟が設立しました．こちらはフィールズ賞と同様で，4年に1度，40歳以下の若い研究者1人に対して，ICMで授与されます．まだ，日本人の受賞者はありません．

　そのほかにも，離散数学分野のノーベル賞といわれるファルカーソン賞や，数学の分野で傑出した研究を行った発展途上国の研究者に贈られるラマヌジャン賞，社会の技術の発展と日常生活に対して優れた数学的貢献をなした研究者に贈られるガウス賞など，さまざまな賞が設立されています．

3. どんどん広がる数学の応用分野

 日本では数学者というと，先に挙げたポアンカレ予想のような難問を扱う人のことだと思われているふしがあります．数学者を思い浮かべるとき，多くの人は，何年も部屋に籠って一つの難問を解いているような人をイメージするのではないでしょうか．もちろんそういう数学者もいますが，そういう人たちばかりではありません．

 ステレオタイプの数学者のイメージがつくられてしまう背景には，日本の教育の問題もあるように思います．日本の大学を見てみると，数学科というのは通常，理学部にあります．皆さんがイメージする数学者はここの出身の人で，それこそ世紀の難問に一生を捧げているような人も少なくありません．しかし実際には，工学部にあるコンピューター・サイエンスでも，経営工学部にあるORでも，コンピューター・サイエンスと密接に関わっている学問分野では，今や数学は不可欠な学問になっています．経営工学となると，もはや文系に近い分野なので，まさか数学が必要になるとは思わずに入学して，驚いてしてしまう人もいるかもしれません．

 離散数学はそのいずれの分野にもまたがっています．しかし日本では，これらの分野がそれぞれ細分化され，学部も別々なので，離散数学という学問の発展を妨げてきたところがあります．そのため，離散数学を教えられる教師もあまり多くはありません．

一方，アメリカでは近年，離散数学がメジャーな学問分野として脚光を浴びています．日本と違って，離散数学を教える教授が，二つの学部や学科にまたがって所属しているケースもあります．数学科とコンピューター・サイエンス学科とか，数学科と物理学科といった具合です．本来，これらの分野はきっちり切り分けられないので，なるほど賢いやり方だな，と思います．

　というのも，離散数学は現実世界の難問を解決する強力なツールになり得るからです．それが教育や学科の壁によって阻まれているとしたら残念なことです．その結果として，産業の競争力や国力にまで影響を及ぼしているとしたら，じつに恐ろしいことです．

　実際にアメリカでは，世界のIT産業市場を席巻するMicrosoft社やGoogle，Yahoo!といったIT関連企業で，多くの離散数学の専門家が活躍しています．その点が，アメリカ企業と日本企業の意識の差であり，IT産業市場における競争力の差になって表れているような気がしてなりません．

4．数学者のセンスが問われるモデル化

　もう一つ残念なことは，日本では，自然科学でも工学でも，なんらかの現象をモデル化するような仕事に，数学者が関わっていない点です．

　モデル化というのは，現実の問題に対して，問題解決をするために，必要な要素を抜き出して，簡略化・抽象

化することをいいます．つまり，物事の仕組みを単純化して表したもののこと．たとえば，気象の予測などは，気温や海水の温度，風などの気象情報を基に予測しますが，すべての要素を入れ込もうとすると複雑すぎて，計算ができなくなります．そこで，必要な要素だけを抜き出して，現実に近い値を導き出そうとするのです．ときには天気予報が当たらないことがありますが，そこそこの精度での予測ができ，日々の暮らしに役立てられているのです．

　僕は本来，このモデル化にこそ，離散数学が大いに役立てられるべきだと考えています．モデル化に際して，必要な要素だけを抜き出し，できるだけ少ない計算数で近似値を導き出すというのは，まさに離散数学の本質的な役割であり，数学的なセンスが不可欠だからです．

　現実社会では，地球環境の予測や，原油価格や為替の変動に連動したものづくりなど，刻一刻と状況が変わっていく中で，即断を迫られるといった状況が多々あります．そのモデル化に数学者が加わることで，より的確に，速く，予測をすることが可能になるのです．しかし現状はまだ，そういった場面において，数学者の能力を生かし切れていないのではないかと思います．

　もっとも僕自身が学生のころは，今ほどにモデル化が重要になるとは思われていませんでした．今でも，モデル化は工学者がやるべき仕事だと思われているふしがあります．工学者は工学者で，それは数学者の仕事だろうと思っているので，なかなか進展しない．最近になって

第1章　社会の役に立つ新しい数学の世界　　13

ようやく，モデル化における数学者の重要性が認識されるようになって，数学者と工学者がコラボレーションをする機会が増えてきました．

　その一例として，DNAの解析があります．工学者や化学者たちはDNAを早急に解析したいと思っていましたが，当初，その解析には膨大な時間がかかると考えられていました．DNAというのはじつに巨大なデータで，ちょっとやそっとの計算量では手に負えないからです．そこに手を差し伸べたのが，数学者でした．数学者ができるだけ少ない計算量で解く方法を示したことで，DNA解析が一気に進んだのです．

　そもそも数学というのは，古代から，自然現象を解明したいという知的好奇心によって発展してきた学問といえます．それが，時代が下って，自然現象だけでなく，人工物が引き起こす現象や，社会の現象まで，我々を取り巻くさまざまな現象を解明したいというふうに，どんどん知りたいことが増えてきている．そこにITが活用されるようになり，離散数学という学問も発展してきました．

　現在，コンピューターの性能が上がり，さらにさまざまな理論が確立されるようになって，私たちの身の回りにある現象を解く道具がようやく揃いつつあります．まさにこれからが，離散数学の出番というわけです．

5. 離散数学とはどんな学問？

では，具体的に，離散数学とはどのような学問なのでしょうか．

一言で離散数学といっても，じつはとても広い範囲を扱います．離散数学の中には，特定の条件を満たす対象からなる集まりを研究する「組合せ論」，場合の数を求める「数え上げ理論」，頂点と辺の集合で構成されるグラフを扱う「グラフ理論」，与えられた制約条件の下で目的を最適に達成するための数理モデルを研究する「最適化問題」のほか，コンピューター・サイエンスに欠かせない「理論計算機科学」や「アルゴリズム論」など，いくつかの応用分野があり，その総称を「離散数学」と呼んでいます．

先ほど，離散数学は比較的新しい学問だといいましたが，分野によっては大変古くから扱われてきたものもあります．

たとえば，「組合せ論」というのは，「整数論」の姉妹のような学問で，とても古い学問の一つです．組合せ論に関する最も古い記述が見られるのはインドで，紀元前6世紀に，古代インドの医師・スシュルタ（en: Suśruta）によって書かれた『スシュルタ・サンヒター』という医学書に，六つの味を63通りに組み合わせることができると書かれています．人間が感じる味覚を，苦味，酸味，塩味，甘味，渋味，辛味に分け，その中から

第1章　社会の役に立つ新しい数学の世界

一つだけ使う場合，二つ使う場合，三つ使う場合……と組み合わせていくと，何も使わない場合も含めると，全部で64通りの組合せができるというわけです．

ちなみに，整数論というのは整数の性質について調べる研究分野で，古代から研究されてきた数学の基礎をなす学問の一つです．黄金比もアルキメデスの定理も，それから，17世紀にフランスの数学者であるピエール・ド・フェルマー（1607または1608～1665）が提示し，360年あまりを経た1994年に，イギリスの数学者，アンドリュー・ワイルズ（1953～）によって解かれた，かの有名な「フェルマーの最終定理」も，すべて整数論に含まれます．

クイズ1：味覚の組合せ

1. 次の表の空欄を埋めよ．

使う味覚の数	0	1	2	3	4	5	6
組合せの数（通り）	1	6					1

2. 上の表をみて，どのようなことがいえるか．

Column 3　フェルマーの最終定理

ピエール・ド・フェルマーが，1637年ごろに，ピュタゴラスの定理（$X^2 + Y^2 = Z^2$）から着想を得て導き出したとされる問題です．問題はいたってシンプルで，3以上の自然数 n について，$X^n + Y^n = Z^n$ となる0でない自然数（X, Y, Z）の組合せはな

い，というもの．たったこれだけの問題にも関わらず，その答えは，その後360年にわたって解かれることはありませんでした．

しかし，フェルマー自身は，この問題の証明はできると考えていたようです．というのも，

フェルマー

定理の概略を記したメモの余白に，「私はこの命題の真に驚くべき証明をもっているが，余白が狭すぎるのでここに記すことはできない」と，いかにも思わせぶりな言葉を書き残していたからです．

フェルマーは数論の父などといわれますが，じつは職業は弁護士で，趣味で数学と向き合っていた人物でした．そのため数学界からは距離を置いていて，証明の詳細を誰かに伝えたり，書き残しておくという習慣がなかったのです．結局，この定理は，フェルマーが死んだ後の1670年に，長男のクレマン・サミュエル・フェルマーによって出版されて初めて，世に知られることになりました．

この世紀の難問に終止符を打ったのは，アンドリュー・ワイルズというイギリスの数学者です．ワイルズは10歳のときに，学校の帰り道に寄った図書館でこの定理と出合い，いつか自らの手でこの問題を解くことを誓ったのだといいます．長じて数学者となった彼は，7年もの間，人との交流を断ってこ

第1章　社会の役に立つ新しい数学の世界　17

の問題に没頭しました．そのため，1993年にこの問題を解いたと彼が発表した際には，数学界に衝撃が走りました．

　ところが，このときの証明は完全ではありませんでした．それから1年ほどかけて，証明の穴を埋める地獄のような日々を経て，ワイルズはようやく真の証明を手に入れることができたのです．論文が受け入れられたとき，すでにワイルズは40歳をすぎていたのでフィールズ賞の対象から外れていましたが，その業績が認められて特別賞を受賞しました．

6. 七つの橋を，点と線からなるグラフに置き換えたオイラー

オイラー

　離散数学が学問として体系付けられた背景には，組合せ論が数を扱うものから，もっと範囲を広げて図を扱うようになったことに，一つの大きなきっかけがあるように思います．

　図を扱った最初の問題として有名なのが，18世紀の数学者レオンハルト・オイラー（1707〜1783）が解決した「ケーニヒスベルクの橋の問題」です．プロイセン王国の首都ケーニヒスベルクという町（現在はロシアのカリーニングラート）の中央に流

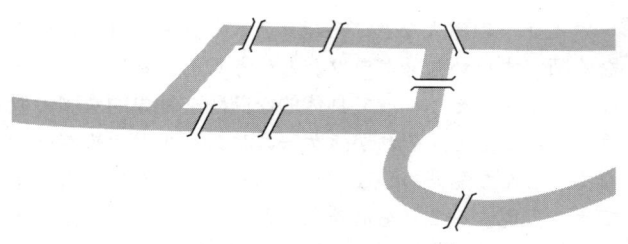

図表2　ケーニヒスベルクの橋

れるプレーゲル川に，四つの地域を結ぶ7本の橋がかかっていました．そこでその町の人々は，「この七つの橋を2度通らずにすべて渡って，元の出発点に戻ってくることができるだろうか」と考えました．いろいろ試してみましたが，皆，失敗しました．オイラーも同様に，どうしても2度通らずにすべてを渡ることはできませんでした．

そこでオイラーは，この7本の橋を，頂点とそれを結ぶ辺からなる図（グラフ）に置き換え，一筆書きが可能であれば，そのルートが存在するのではないかと思いつきます．そしてオイラーは，この場合，けっして一筆書きができないことを証明したのです．

さらに，一筆書きができる必要十分条件として，①どの頂点からも偶数本の辺が出ているグラフか，②奇数の辺をもつ頂点の数が二つで，それ以外の頂点からは偶数本の辺が出ているグラフだけだということを導き出しました．このオイラーの一筆書きの定理が発見されたのは，1736年のことです．

オイラーの偉大なところは，7本の橋を頂点と辺からなる図，すなわち「グラフ」というものに変換したことにあります．そうやって具体的な問題を抽象的な図に置き換えることで，それが，ケーニヒスベルクの橋だけでなく，どんな配列のつながり〈ネットワーク〉にも適用でき，表現することを可能にしたのです．こうした基本概念を見つけたところが，オイラーの天才たるゆえんだと思います．

　このオイラーが発見した基本概念が，のちにグラフ理論やトポロジーという，新しい学問を生み出していきました．オイラーはいわば，離散数学の祖の一人というわけです．

　グラフというと，皆さんの中には，学校で習った折れ線グラフや棒グラフのことを思い浮かべる人もいるかもしれません．しかし，ここでいうグラフとは，それとは違う概念です．物事がどのようにつながっているのか，その結び付きを解き明かすために，図形を単純化して点と点，それを結ぶ線で抽象化したものがグラフです．ですから，たとえば鉄道の路線図や道路網もグラフであり，電気回路などもグラフで表すことができます．つまり，頂点と辺で結べるものは何でもグラフで表すことができるということになります．このように，問題を頂点と辺の組合せとして単純化することで，形の詳細にまどわされることなく，形の本質的な性質を探ることができる，というわけです．そのグラフがもつさまざまな性質を追究するのが，離散数学の学問分野の一つである「グ

ラフ理論」という分野です.

クイズ2：一筆書き
1. 次のa〜cは一筆書きできるか.

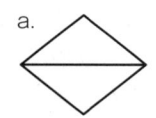

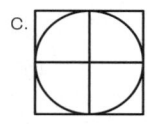

   a.　　　　b.　　　　c.

2. 一筆書きできないものについて, 最短で書くにはどうすればよいか.

7. 地図や鉄道路線図に応用されている「トポロジー」

もう一つ, 先ほどからたびたび登場している「トポロジー」という学問についても, 少し触れておきましょう.

「Topo」というのは位置のことで, ごく簡単にいうと, 距離がついている空間を解析する学問です.「距離がついている」, というのは, 場所を移動するときに陸路を通っていくようなイメージ. つまり,「ワープはダメよ」, という考え方です.

たとえば,「三角不等式の公理」を思い出してください.「三角形の2辺の長さの和は残りの1辺の長さよりも大きい」という法則です（図表3）. 直感的に, A地

図表3

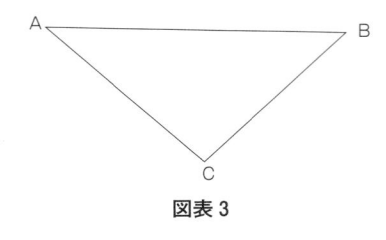

点からB地点まで行く距離と，A地点からC地点を経由してB地点に行く場合では，前者のほうが距離が短いというのは，なんとなくわかると思います．これが大原則として成り立っている世界，つまり距離が定義できる空間をトポロジーの研究者たちは扱っているのです．現実世界でいうと，地図や鉄道路線の略図なども，トポロジーを応用したものです．

ちなみに，トポロジーという学問を切り開いたのは，先の「ポアンカレ予想」で出てきた，フランスの数学者，アンリ・ポアンカレ（1854〜1912）です．ポアンカレが1904年に提示したポアンカレ予想とは，「単連結な三次元閉多様体は，三次元球面と同相といえるか」というものでした．

「連結」というのは，まさに先ほどの距離を定義できる世界でつながっているということを示しています．ずっと，地面を這って移動するようなイメージです．この問題をたとえていうならば，「長いロープをもって宇宙1周に出かけて，ふたたび地球に戻ってきたとして，もし，その宇宙にめぐらせたロープの両端を引っ張って回収しようとしたとき，どこにも引っかかることなく手元にたぐりよせて回収できたとしたら，宇宙は丸いといえるのか」，というものなのです．もし，ロープがひっか

かって回収できないようなら，宇宙のどこかにドーナツのようなものがあるということになります．たった1本のロープを使うだけで，空間の形が丸いか，そうでないか確認できるはずだと，ポアンカレは考えたのでした．

ポアンカレが生きた時代にはまだ，人工衛星などありませんでしたから，地球が丸い球体だということを実際に目で見て確かめた人はいませんでした．では，実際に目で見ることなく，空間の形を知るにはどうしたらいいのでしょうか．その疑問に答えたのが，このポアンカレ予想なのです．ロープが回収できれば地球は丸いし，もし地球がドーナツ型だとしたらロープは回収できません．そして，無限に広がる宇宙ですら，たった1本のロープで形を知ることができる．そのことに思い至ったポアンカレという人は，やはり大天才としかいいようがありません．

しかし，このようにたとえると，一見，さほど難しい問題には思えないかもしれません．実際に，このような簡単な問題が容易に解けないのは，自分たちがマヌケだからなのか，と感じた数学者もいたようです．ただ，私たちが宇宙の形を知らないように，未知の空間の形を，外から眺めることなく数学的に確かめるというのは，じつは非常に難しいことなのです．

─ Column 4　ポアンカレ予想とペレルマン ─

ポアンカレ予想とは，1904年に，アンリ・ポアンカレが発表した「位相幾何学への第五の補足」の

文末に記されていた疑問に端を発しています．そこには，「検討しなければならない問題が最後に一つ残っている．基本群が同相に置き換えられても，単連結体にならない可能性はあるのか？」という一文が記されていました．これを数学的に厳密にいうと，「単連結な三次元閉多様体は三次元球面 S^3 に同相である」という命題になります．

　このポアンカレ予想は，ほぼ 100 年にわたり数学者の挑戦を退けてきた，まさに世紀の難問ですが，2003 年から 2004 年にかけて，ロシアの数学者グレゴリー・ペレルマンが発表した複数の論文により証明されました．

　この業績が称えられ，ペレルマンは 2006 年にフィールズ賞を受賞しますが，これを辞退し，さらに数学界から姿を消してしまいます．この問題には，クレイ数学研究所のミレニアム問題として 100 万ドルの懸賞金もかけられていましたが，彼はそれすらも受け取りを辞退したことで，さらなる話題を呼びました．長い髪に長い爪，世捨て人のような容貌に加え，趣味はキノコ狩り．しかも母親とともに生活保護を受けて暮らしているらしいという噂が広まると，この孤高の数学者に対する関心はますます高まりました．若いころは明るく快活な青年だったといいますが，世紀の難問に取り憑かれたことで，彼の人生に何が起こったのでしょうか．

　ペレルマンが数学界から姿を消して数年が経ちま

したが，最近では，どうやら別の難問に取り掛かっているのではという憶測が流れています．もしかすると私たちはまたロシアから，世紀の発表を聞くことができるかもしれません．

8. ドーナツとコーヒーカップは同じもの!?

　面白いのは，トポロジーの世界では，三角も四角も丸も，ゴムみたいな柔らかなものでできていて，引っ張って形を変えても同じ形になるものを「同相」といって，これらを同じものだと捉えるところにあります．トポロジーにおいては，長さや角度という概念が存在しません．どうやって区別をするかというと，辺が交差する頂点の数とか，空間に穴がいくつあいているか，ということが手掛かりになります．だから，真ん中に穴のあいたドーナツの形状（トーラス）と把手のあるコーヒーカップの形状も，同相であるとして同じものだと見なすのです．そうしたことから，トポロジーは「柔らかい幾何学」とか「ゴムの幾何学」などとも呼ばれています．

　つまり，トポロジーでは，球も円錐も円柱も，全部同じ形だということになります．逆に，

図表4　ノット

図表5　ドーナツとコーヒーカップは同相

地球のような球体とドーナツでは，いくら引っ張って形を変えても同じものにはなりません．その場合は，同相ではないと判断します．1本の紐でつくった結び目，つまりノットと，手品などでよくある二つの輪っかでつくったリンクは，一見，似ていますが，それも違うものということになります．あるいは，糸みたいな紐がぐにゃぐにゃと絡まっていたとして，それが，そのつながり具合を保ったまま，連続的に変形していくもの同士は，同じ「結び目」であると見なします．そうやって，トポロジーでは形の本質を捉えようとしているのです．

たとえば，うちの猫が毛糸で遊んでいるうち，ぐしゃぐしゃに絡ませてしまったとしたら，それがもともと1本の毛糸玉だったことを知っているので，きちんと解きほぐせば必ず1本になることをわかっています．ところが，トポロジーを扱う人たちは，そのことを知らないところからスタートする．先ほどのポアンカレ予想と同じです．それを判定し，数学的に解いていくというのは，じつはとても難しいことなのです．

具体的にどうやって問題を解くかといえば，空間にあるものを平面に射影して，そのつながりを手掛かりに問題を解くという手法をとります．射影するということ

は，結局，空間にあるものをグラフに落とし込むことと同じことです．ですから，トポロジーというのは，グラフの一種でもあるのです．

そして，この糸を切らず，ねじったり，ループにしたりすることによって，別の結び目にできるかどうか，ということを調べていく．縦結びをチョウチョ結びにできるか，ということを調べていくのです．そのとき，「結び目の不変量」が見つかれば，たとえ結び目が違っていても，それが元は同じ1本の糸であるとわかる．あるいは，その1本の糸を，どうやって絡まないようにするかといったことを考えたりもします．

このように，トポロジーは非常に難しい学問ではありますが，たとえば，1本の線のはずなのに絡まってぐしゃぐしゃになってしまった配線——凧糸とかパソコンの配線とか——を解くこともできるし，あるいは，DNAやタンパク質の構造を解き明かしたりするのにも，このトポロジーという学問が大いに生かされているのです．

9. 世紀の難問，「四色定理」

ここまでお話してきて，離散数学とその周辺の学問について，今まで抱いていた数学のイメージとはずいぶん違うと感じた方も多いのではないでしょうか．ではこれから，いくつかの事例を挙げながら，離散数学とその周辺の世界を，もう少し具体的に繙いていくことにしましょう．

皆さんは,「四色定理」をご存じでしょうか.

東野圭吾の有名な小説,『容疑者χの献身』の中に,四色定理について触れる場面が出てきます.主人公・湯川の大学時代の知り合いだった数学者・石神が四色定理について,「俺はあれが完全な証明だとは思っていない」といって,自ら美しい証明をしようと問題に向き合っている,という場面です.じつは,この四色定理も,離散数学の問題の一つです.

確かに,僕自身もあの証明は美しくないと思っています.問題を説いたのは,イリノイ大学の数学者ケネス・アッペル(1932～)とウォルフガング・ハーケン(1928～).1976年のことでした.彼らは,コンピューターを駆使して証明をしたのですが,その証明はあまりにも複雑なプログラムのため検証が困難で,当時はその正しさを疑問視する声もあったほどでした.

問題自体はいたって単純です.1852年に,イギリスのフランシス・ガスリーという人が,数学を専攻していた弟のフレデリック・ガスリーに質問したのに端を発するとされ,地図を塗り分けているときに思いついたといいます.それは,白地図を塗る際に,隣り合った国が違う色になるように塗り分けようとすると,使用する色は最低何色なら可能だろうか,というものです.一見,簡単そうに思えるのですが,この問題は見かけによらず,大変手ごわいものでした.

この問題のどこが,離散数学と関係しているのだろう?と不思議に思った人もいるでしょう.じつはこれ

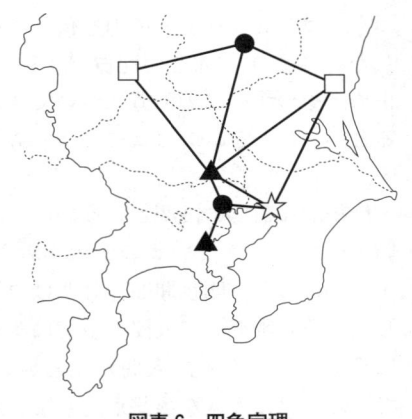

は，グラフ理論を使って解くことができます．地図に色を塗ることとグラフとは，一見，まったく違うことのように思うかもしれませんが，地図を抽象化するとグラフに置き換えることができるのです．

図表6　四色定理

どうやって抽象化するかといえば，各国を頂点，それを辺で結ぶとグラフとなります．その辺で結ばれた隣り合う頂点を異なる色で彩色しようと考えるわけです．その場合，何色あれば足りるかと考えればいい．地図というのは抽象的なグラフで置き換えることが可能だということです．

答えは4色なので，「四色定理」と呼ばれています．じつは，地図製作の職人などは，白地図を塗り分けるのに4色で足りることを何百年も前から経験的に知っていました．ところが，長い間，数学的に証明できなかったため，グラフ理論最大の未解決問題として，「四色問題」の名で呼ばれてきたというわけです．

この問題に取り組んだアッペルとハーケンは，地図の構成要素を1482もの基本単位に還元し，その一つひと

つを，コンピューターの力を借りてチェックしていきました．つまり，1482の配置パターンがあることを突き止め，そのすべての配置について4色で彩色が可能であるということをコンピューターで計算して証明したのです．

　伝統的な数学の証明というのは，基本的に簡潔で美しいものである，というのが数学者たちの共通の見解です．ところが，四色問題の証明は力技ともいえるものでした．その審査も，人間の手ではなく，コンピューターに頼ることとなり，人間が正しさを確認できないとして，数学界に大きな衝撃が走りました．それが，先ほど紹介した『容疑者χの献身』の中の石神の発言につながる，というわけです．

　ところで，数学では経験上知っていても，証明されない限り，それが正しいということにはなりません．たとえば，医療の世界なら，こういう事例は今までにないから正しいでしょう，ということが多々あるでしょう．臨床試験をやって，この薬はそれなりに効果があったから新薬として許可しましょう，となる．でも，それがすべての人に100％効くとは限らない．なかには効かない人もいる．それは数学者にいわせれば，けっして正しくないのです．数学の場合は，たとえ経験的に例外がなかったとしても，証明できない限りは正しいと認められることはありません．

　つまり，一つの綻びも許されないのが数学の世界なのです．だからこそ，証明がなされれば，すべての場合

に，それを当てはめることが可能になる．例外は一つもない．逆にいえば，これこそが数学のもっとも優れたところといえるのです．

余談ですが，この四色問題を解いたハーケンという数学者は，若いころに「ポアンカレ予想」の研究にも携わっていたことがあったといいます．一度は，これを解いたと宣言したのですが，結局，それは間違っていたため，宣言を取り下げました．数学の世界では，そういう間違いがときどき起こることがあります．一つの綻びも許されないということは，それだけ問題を解くのが難しいということでもあるのです．

その後，ハーケンはポアンカレ予想を諦めて，四色問題に取り組むことになりました．

10. 四色定理と携帯電話の周波数割り当て

四色定理で用いたように，グラフに色を塗るという考え方は，じつは実社会に大いに役立っています．

その中で，私たちにとって身近な事例の一つに，携帯電話の周波数の割り当てがあります．携帯電話で通話するときには，基本的に1台につき1個ずつの周波数が割り当てられていて，これもグラフに置き換えて処理されています．

当然，1台に一つの専用の周波数がつねに割り当てられるという意味ではなくて，通話時にそれぞれ周波数が割り当てられる，という意味です．飛行機などでも，今

第1章 社会の役に立つ新しい数学の世界　31

回はこの周波数を使って交信しなさい，という具合に，そのつど，周波数が割り当てられる仕組みになっています．もし同時に同じ周波数を，別々の通話に割り当ててしまったら混線してしまいます．もっとも，東京と名古屋のようにそれぞれの回線の距離が離れていれば，同じ周波数でも混線することなく会話ができます．ところが東京と横浜なら混線してしまう．だから，ある程度距離が近いところの通話については，そのつど，違う周波数を割り当てなければならないのです．

　ところが，たくさんの人が同時にあちこちで通話すれば，使える周波数がすぐにいっぱいになってしまいます．そこでいかにして使用する周波数の量を減らすことができるか，ということが研究者や技術者たちの悩みの種となっているのです．

　そして，これがまさに四色問題と同じ考え方で解決できる．というのも，距離の近い通話について，違う周波数をできるだけ少なくして割り当てる，ということと，点と点を結ぶ線をできるだけ少ない色で塗り分けるということは，抽象化してグラフで表してみるとまったく同じことだからです．各頂点を携帯に置き換え，線を通話と置き換えればいいのです．

　このように，数学では発想の転換というか，ひらめきというのがすごく大事な要素となってきます．周波数の割り当てをグラフで解決しようと思いつく，その発想力こそに数学的なセンスが宿っている．つまり，一見関係のないものを結び付けられる能力というのが，数学者に

とって重要な素養の一つだということです.

ちなみに，携帯電話が使える周波数は有限個ですから，これだけ世界中に携帯電話が普及してくると，周波数の適切な割り当てというのは，ますます切実な問題になりつつあります．まさに，今こそ数学者の活躍が待ち望まれているのです．

しかし，これは大変に難しい問題で，リアルタイムにグラフの色を塗り分けていくというのは，至難の業です．だからこそ，現状は，とりあえず使える周波数を増やす方向で進んできた．でも，これからは数学的にうまく解決することで，適切に周波数を減らすことができるようになると思います．

ちなみに，メールも同様の仕組みで通信されていますが，通話と違って，メールの場合は数秒のタイムラグなら許されることと，音声データに比べるとテキストデータははるかに情報量が少ないので，あまり問題にはなりません．メールの送信は一瞬ですから．一方，通話のほうは，会話が1秒止まるなどということは許されないし，通話している間中，ずっと回線をつなげていなければならないから，問題が生じやすいのです．

皆さんも，災害時や大晦日からお正月にかけて，携帯電話が通じにくくなるという経験をしたことがあると思います．使える周波数が有限なので，皆がアクセスして容量を超えてしまうとパンクしてしまうというわけです．しかも災害時には，緊急用の周波数帯を確保しておく必要があるので，一般の人が使える周波数の絶対量自

第1章　社会の役に立つ新しい数学の世界　　33

体が減ってしまいます．そこへ電話が集中するわけですから，まったくつながらないという深刻な事態が引き起こされます．実際に，2011年の東日本大震災のときにも，携帯電話が通じず，家族の安否の確認や自らの無事を知らせるために，公衆電話に長蛇の列ができてしまいました．

　こうした通信の輻輳問題というのは，現在，数学者が解くべき喫緊の課題の一つなのです．

第 2 章

コンピューターと
離散数学は大の仲よし

1. チューリングが考案したチューリングマシン

　前章で，グラフという概念はオイラーから始まったといいましたが，じつはその後，しばらくの間，グラフ理論はたいした発展もなく，空白の期間がありました．その後，ふたたびその重要性が認識されるようになったのは，20世紀以降のことです．

　コンピューターが出現する少し前，戦時中には，離散数学は軍の訓練計画や補給路の確保といった軍事活動に活用されてきた歴史があります．軍の補給路というのは，まさに先ほどの頂点と辺で表すグラフで表現することができるからです．これらの研究は，離散数学に近い分野である「オペレーションズ・リサーチ（OR）」という学問の発祥となっています．ORとは，さまざまな計画に際して，もっとも効率的になるように決定する科学的な方法を探ることを目的とした学問です．

　もう一つ，戦時中に離散数学が役立てられたのが暗号解読の世界です．有名なコードブレーカー，つまり暗号解読をする専門家の中に，アラン・チューリング（1912〜1954）というイギリスの数学者がいます．チューリングは第二次世界大戦中，イギリス政府の暗号解読センターの政府暗号学校でドイツの暗号の解読に携わり，なかでも，イギリスの海上輸送路を脅かすドイツ海軍のUボートの暗号通信を解読する部門責任者として成果を上げました．当時はケンブリッジ大学の優秀な学生たち

が，この政府暗号学校に集められ，チューリングの下で働いていたようです．

余談ですが，彼は同性愛者ということで逮捕され，ホルモン療法をうけさせられるなどした後，42歳という若さで亡くなってしまいました．青酸カリによる自殺ではないかといわれています．

チューリング
(PPS通信社)

そのチューリングが考案したもので，その後の私たちの生活を大きく変えることになったのが，チューリングマシンと呼ばれる仮想のマシンです．その仕組みはいたって単純です．

無限の長さをもつ紙のテープがあり，そのテープはアニメのようにコマごとに分かれています．そして次のことを実行するのです．

① マシンは1コマずつ書かれている内容を知ることができる．
② マシンは，読んだ内容と今の状態に従って，自分の状態を変える．
③ テープを前後に動かすことができる．

という，たったこれだけの原理で成り立つマシンです．ところが，チューリングは，紙テープの長さが無限にあり，さらにどれくらいの時間がかかるかはわからないけれど，「計算できるものはこのマシンですべて計算できる」，ということを証明したのでした．

第2章 コンピューターと離散数学は大の仲よし

じつはこれが現在のコンピューターの原理の基になっています．マシンそのものをコンピューターの心臓部である「CPU」に，紙テープを「メモリ」に置き換えると，なんとなくイメージできるのではないでしょうか．

2. コンピューターは足し算と引き算しかできない !?

チューリングマシンの原理からもわかるように，コンピューターというのは，非常に単純な原理で成り立っていて，ただ速く計算ができるマシンにすぎません．だからこそ，1秒間に何回計算できるか，というのがコンピューターの性能を評価する上で欠かせない情報となっているのです．

じつは，コンピューターは足し算と引き算をするだけで，掛け算や割り算をしているわけではありません．計算ソフトを使えば掛け算ができるじゃないか，と思われるかもしれませんが，実際にやっているのは足し算と引き算の組合せだけ．たとえば，掛け算をするときは，足し算を何度か繰り返せばいいし，割り算は引き算で表せばいい，ということになります．なぜ，コンピューターでは足し算と引き算しか採用しないかというと，単純な作業ほど負担が少なくてすむからです．コンピューターではできるだけ作業の負担を減らすために，すべての作業において一番単純な方法を使っているのです．

もう一つの特徴が，コンピューターの世界にあるのは

1と0だけだということ．人間にとっては2進法というのはあまり馴染みがないものですが，0と1しか使わない2進法は，単純なものしか扱えないコンピューターにとっては，最適な言語といえます．いうなれば，コンピューターで扱うのは，Yes/No だったり，できる/できないだったり，電気が通っている/電気が通っていない，という二者択一ということになります．コンピューターに命令する際も，「Aにあるメモリの中身をコピーして，Bに書き込め」とか，「Cの中身からDの中身を引いて，その結果をEに書け」といった具合です．

すべてのものを単純な1/0で表し，演算式も一番簡単な足し算と引き算だけを使うことには，大きなメリットもあります．曖昧さを一切排除できるからです．また，人間の手ではとても計算できないような速さで計算をすることができる．それこそが，コンピューターの最大の利点といえるでしょう．

近年，私たちの社会では非常に大きなデータを扱うようになり，膨大な計算をしなければならない場面が増えていることから，コンピューターの計算速度をさらに速めることが大きな課題となっているのです．

— Column 5　2進法，10進法，16進法，24進法，60進法 —
　2進法は，0と1の二つの数字を使って，数を表現する方法です．0から1へと数が増えて，次に位が増えると10になります．たとえば，2進法で1010という数を馴染みのある10進法に直そうと思

うなら，次の計算をすればいいということになります．

$1 \times 2^3 + 0 \times 2^2 + 1 \times 2^1 + 0 \times 2^0 = 8 + 0 + 2 + 0 = 10$

逆に10進法を2進法に直す場合は，10進法の数を2で割って，その商をさらに2で割り，余りを書き出しつつ，商が0になるまで繰り返し，最後に，余りを逆から並べると2進法に変身します．

17を2進法に変換する場合

$17 \div 2 = 8$ 余り1

$8 \div 2 = 4$ 余り0

$4 \div 2 = 2$ 余り0

$2 \div 2 = 1$ 余り0

$1 \div 2 = 0$ 余り1

となり，下から並べて10001となります．

コンピューターでは2進法を採用していますが，すぐに桁数が多くなってしまうので，その乗数である16を底とする16進法もよく使われます．この場合は一般的に，0から9までの数字と，AからFまでのアルファベットの16個の記号を使います．AからFまでが表すのは，10進法でいう10から15までの数です．

たとえば，3F5Dという16進法を数式で表すと，$3 \times 16^3 + F \times 16^2 + 5 \times 16^1 + D \times 16^0 = 3 \times 4096 + F(15) \times 256 + 5 \times 16 + D(13) \times 1 = 12288 + 3840 + 80 + 13 = 16221$　となります．

同様に60進法は，60を底にして数を表す方法で

> す．もともと 60 進法は古代メソポタミア文明で発展したといわれています．時間や角度，円と馴染みがよいことや，100 までの整数の中でいちばん約数が多いことが特徴的です（1 と 60 を含めて 12 の約数をもつ）．

クイズ 3：2 進法，16 進法に直す
1. 次の数字を 2 進法，16 進法に直せ．
   ① 19　　② 85　　③ 321　　④ 1321
2. 2 進法から 16 進法へ直す際，効率のよい直し方はないか．

3. コンピューターの計算を速めるのに必要な「並び替え」

　コンピューターの使い勝手をよくするためには，たんに速く計算するだけでなく，なるべくメモリを使わないように計算する方法を考える必要があります．速く計算しようとしてメモリをたくさん使ってしまうと，メモリ不足になって，コンピューターがフリーズしてしまうことがあります．パソコンで複数のアプリケーションを立ち上げて作業をしているときなど，ときどき固まって動かなくなってしまうことがありますが，まさにその状態に陥ってしまうのです．そういう事態を避けるために，

コンピューターの中には，システムに使う分を残しておき，ここには絶対に書き込んじゃダメというメモリの領域が決められているのです．

ただし，メモリをむやみやたらに増やしたからといって，CPU の負荷が減るわけではありません．メモリが多ければ多いほど，コンピューターはいちいちメモリにアクセスして，ガーッとブルドーザのようにすべてを見ながら作業するので，すごく時間がかかってしまうのです．

ここで，離散数学的な考え方が役に立ちます．効率化するために，並び替え，ソーティングという作業が有効になります．

ソーティングというのは，Microsoft の Excel などを使われている方はよくご存じだと思いますが，単純に数字がたくさん並べられていたときに，大きい順・小さい順に並び替える，という機能です．このソーティングをすることで，計算の過程で発生するいらない部分を数学的に消すことができます．

具体的に説明しましょう．

先述したように，コンピューターでは 10×10 の場合，10 を 10 回足して計算しています．1 回目は 10 で，2 回目は 20，3 回目は 30，4 回目は 40 と進んでいきますが，40 のときには，すでに 10, 20, 30 という小計は必要ありません．答えを導き出すのに必要なのは，あくまでも最新の計算結果だけだからです．普通にプログラミングすると，この部分のデータをすべて保持してしま

って，大量に無駄な情報がメモリに書き込まれてしまいます．そこで，これは消してもいいよ，それ以外は必要ないから，書き換えなさいと，あらかじめプログラミングをしておくというわけです．

ただし，捨ててはいけないものまで一緒に捨ててしまったら大変なことになってしまいます．ここはとても重要な情報だから絶対に捨てちゃダメ，こっちはもういらないからさっさと捨てていいよ，ということを判定するアルゴリズムをつくることこそが，計算を速くするためには必要な措置になります．

ちなみにアルゴリズムというのは，問題を解くための手順のこと．問題を解くための効率的な手順を定式化して示したもののことで，あくまでもこの手順のみで解くというのがポイントです．つまり，まったく他の情報を加味せずに解くということが，重要なポイントになります．

コンピューターには意思はありませんから，人間が仕向けてあげないとちゃんとした仕事はできません．コンピューターが処理できなくて固まったり，間違った答えを出したりすることがあれば，それはすべて人間のせいということになります．けっしてコンピューターが悪いわけではない．だからこそ，人間はコンピューターがちゃんと動くように仕向けてあげなければならないのです．

当然のことながら，たとえスーパーコンピューターだとしても，ただ速く計算できるマシンにすぎません．た

だし，スパコンには，膨大な計算を，とてつもなく速いスピードでやってのける能力がある．事業仕分けで話題になった次世代スーパーコンピューターの場合は，毎秒100京の計算を目指して設計されました．京は1兆の1万倍ですから，もうとてつもなく速いということになります．

　事業仕分けを経て，紆余曲折ありましたが，結局，次世代スーパーコンピューター「京」は，世界一の速さを記録することができました．すでに，宇宙や気候，環境といった非常に長い時間にわたる現象を解明したり，核融合や衝突，燃焼といった瞬間的な物理現象を解明したり，これまで実験不可能とされてきたような結晶や分子構造，気象などの計算を可能にするなど，さまざまな予測に活用されています．

4. トーナメント方式による試合数を計算する

　皆さんに，離散数学とコンピューターの関わりをもう少し理解してもらうために，ここで簡単な遊びをやってみたいと思います．

　まず，単純な頭の体操をやってみましょう．

　128人が参加するテニスのトーナメントがあったとします．ウィンブルドンとか全仏オープンを思い浮かべてください．きっかり128人が参加する場合，全部で何試合になるでしょう，というのが問題です．16人が参加するトーナメントの試合なら，15試合だとすぐにわか

ります．でも，128人となると，いちいち数えるのはめんどうです．

そこで，次のように考えてみたいと思います．

トーナメントの場合，参加者は全員，優勝者を除いて，1回しか負けません．2回負けることはない．負けたらおしまいです．各試合に勝者は1人，敗者は1人です．つまり，各試合ごとに1人の敗者が出るわけです．そうやって考えると，敗者は127人となる．全部勝つのは，優勝者のみです．1試合につき1人の敗者がいて，全部で127人が負けるわけと考えれば，答えは127試合となります．

5. パーティー会場で同じ誕生日の人に出会っても，運命だと思ってはいけない

では次の問題です．これはバースデートリックといわれていますが，たとえばパーティーに40人くらいの人が集まれば，何％くらいの確率で，同じ誕生日の人がいると思いますか？

直感に頼ると，多くの人はほとんどいないと答えるのではないでしょうか．ところが，じつは90％以上という高い確率で同じ誕生日の人がいるのです．

まず，全員の誕生日が違う確率を求めると，次のような式になります．

364/365×363/365×362/365……（省略）……×325/365 ≒0.1となります．これを1から引けば0.9となり，つ

第2章　コンピューターと離散数学は大の仲よし　　45

まり，90％くらいの確率で，同じ誕生日の人が存在するということが計算できるのです．

このように，数学的に正しい答えと，自分が直感的に思うことに，かなりのズレがあるということは多々あります．数学というのは，ときに，人間の間違った直観を正すという重要な役割も担っているというわけです．

では，次の問題はどうでしょう．横綱の白鵬の勝率はだいたい90％くらいです．年間の取組は約90番くらいありますから，80勝以上することになります．その白鵬が場所中に2連敗する確率はどれくらいでしょう？

これは異常に小さい確率になります．計算すると3％よりもっと小さくなる．だからもし，懸賞をかけるとするなら，負けた翌日にかけるべきです．その日，白鵬が勝つ確率はものすごく高くなるというわけです．

クイズ4：血液型も一緒なら運命？
誕生日だけでなく血液型も一緒の人に出会ったら運命だといえるか．

6. テニスボール問題に挑戦しよう

では次に，テニスボールを使った簡単な問題をやってみましょう．

テニスボールを12個用意しました．すべて同じ形で，同じ色をしています．ただし，欠陥ボールが1個だ

けあります．しかもその欠陥ボールは1個だけ重いことがわかっています．もちろん，見た目では判断できません．幸い，ここに天秤があります．あなたは，天秤を使って12個の中から1個だけ重いボールを判別してください．ただし，天秤を使えるのは3回までです．さあ，どうやってはかりますか？

多くの人が，まずボールをグループ分けしたのではないでしょうか？　なかには，ボール6個ずつ半分に分けてはかり，重かったほうのグループを三つずつに分けて……と考えた人もいるでしょう．

でも，最初の段階でより候補を絞るために，六つずつ二つのグループに分けるのではなくて，四つずつA，B，Cの三つのグループに分けたほうが得策です．

さて，ここで天秤の登場です．まず1回目はAグループとBグループを天秤にかけます．天秤にかけると，次の3通りの結果が想定されます．

① Aが重い．
② Bが重い．
③ AとBが釣り合う．

もし①ならば，Aの中に欠陥ボールがあることになります．②ならば，Bの中に欠陥ボールがある．③のようにAとBが釣り合うということは，Aグループのボールも Bグループのボールも，すべて同じ重さだということになります．ということは，まだ天秤にかけていないCグループの中に欠陥ボールがあるとわかるのです．つまり，たった1回天秤にかけただけで，欠陥ボー

第2章　コンピューターと離散数学は大の仲よし　　47

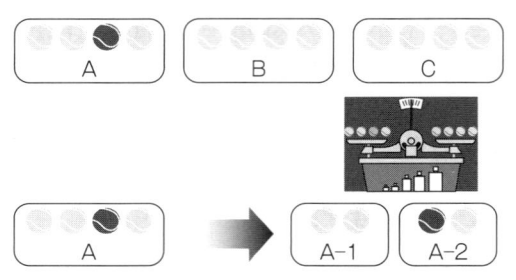

図表7 欠陥ボールを探す

ルの候補が一気に4個にまでに絞られ，残りの8個は除外できてしまうのです．

天秤を使った結果，①の場合となって，Aが重かったとしましょう．次は単純にAグループを二つに分けて，また天秤を使ってはかればいい．Aの中に欠陥ボールが必ず1個入っているので，どちらかに傾きます．そうすることで最後の2個に絞られて，最後の1回はこの2個を比較すればいいわけです．これで，天秤を使うのは全部で3回ですみます．

このやり方が，じつは離散数学と計算機科学の重要な考え方の一つなのです．単純に半分とか1/3くらいに分けて，1回の計算でいらないとわかった部分は捨ててしまいましょう，というのが計算量を減らす考え方の肝になります．

では続いて，発展問題をやってみましょう．先ほどの問題では，テニスボールの中に，重いボールが1個だけ紛れ込んでいました．では，12個のボールの中に，重

いか軽いかわからないボールが1個だけ含まれていた場合は，どうすればいいでしょう？　この場合は，天秤を4回使うことができます．

この場合，最初にAグループとBグループを，次にAグループとCグループを比べれば，どこに欠陥ボールがあるかわかるはずです．しかも，その際に，欠陥ボールが「重い」のか「軽い」のかを見分けることもできるでしょう．釣り合えば，その二つのグループには欠陥ボールは含まれてないということになります．そこでグループが絞られたら，あとは先ほどと同様にはかっていけば答えが出ます．

いずれにしても，この問題では，最初にグループ分けをして，できるだけ早い段階で候補を絞ってしまうというのがポイントになるということです．

クイズ5：4桁の数字を当てるには

回数	選択した数字	場所も数字も当たり	数字だけ当たり
1	0123	0	0
2	4567	0	3
3	5678	2	2
4	8675	1	3
5	5687	1	3
6	7685	0	4
7	5876	4	0

上表のように，4桁の数字当てを行い，7回目に当てることができたとする．6回以内に当てることはできな

かったか．できたとした場合，どの回にどんな数字を選択すればよかったか．

7. 総当たり戦よりも，トーナメント方式のほうが，ずっとお得な理由

では次に，応用問題をやってみましょう．

またテニスボールの問題です．今度は，重さがすべて異なるボールが16個あります．見た目には，どれが重いか軽いか，まるでわかりません．ボールは基本的にすべて同じ色と形をしています．これを，重い順に並び替える，という単純な問題です．ただし，次の作業しかやってはいけません．

その条件とは，二つのボールの比較しかやってはいけない，というものです．つまり，先ほどの問題のように一度に4個を同時にはかる，ということはやってはいけません．単純に2個をもってきて，その比較だけの作業でどちらが重いかを決定します．

その場合，果たして何回の作業で重い順にテニスボールを並べ替えることができるでしょうか？

これがじつは，コンピューターにとって，とても重要な概念と結びついているのです．そのお話をする前に，まずは問題を解いてみましょう．

やり方は2通りあります．1通り目は，誰でも簡単に思いつく方法です．単純に16個の中から2個のボール

をとってきて比較します．そのうちの重かったほうのボールと，3個目のボールを比較して，さらに重かったほうのボールと4個目のボールを比較する，という具合です．そうすると，15回繰り返せば，一番重いボールを判別することができます．同じ手続きを踏めば，2番目，3番目といった具合に，次々に重いボールの順番を決めることができるのです．

　この方法は，手当たり次第，全部を比べるわけですから，いわばテニスボールの総当たり戦といえます．総当たり戦の場合，何回の作業が必要かといえば，15＋14＋13＋12＋……(省略)……＋3＋2＋1＋＝120回にもなります．しかし，これは少し大変な作業です．

　じつは，もっと簡単にできる方法があります．ここで役立つのが，総当たり方式に対して，トーナメント方式です．テニスの試合などと同じで，2個を比較して重かったほうが2回戦に進みます．さらに重かったほうが3回戦に進むという方法です．トーナメント方式はノックアウト方式なので，一度負けたらもう試合はしません．単純に勝者同士だけが試合をするという方法で進めます．

　これを進めていくと，最終的にチャンピオンが決まります．たとえば，2010年の男子サッカーワールドカップに置き換えていえば，優勝はスペインで，これが一番重いボールになります．準優勝はオランダでした．オランダはスペインがいなかったほうの，残り8チームのグループの中で一番強かった国です．つまり，オランダに

トーナメント制で比較してみよう!!

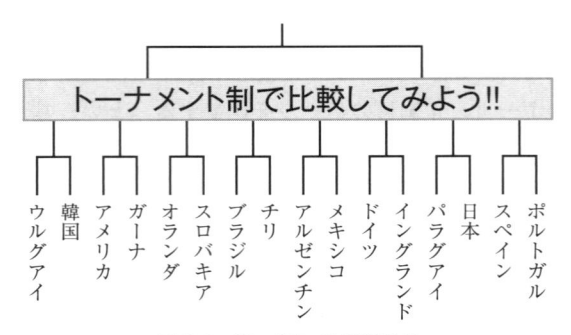

ポルトガル
スペイン
日本
パラグアイ
イングランド
ドイツ
メキシコ
アルゼンチン
チリ
ブラジル
スロバキア
オランダ
ガーナ
アメリカ
韓国
ウルグアイ

図表8　重い順に並び替える

当たるボールは，この8個のグループの中では一番重いということになりますが，しかし，だからといって全16個のボールの中で2番目に重いかというと，その保証はありません．というのも，スペインがいたほうの，もう一方のグループと比較する必要があるからです．つまり，2番目に重いボールを決定するためには，準決勝，準々決勝，1回戦で，優勝者に負けた相手と比較しなければならないのです．

ということは，オランダに当たるボールは，準決勝でスペインに敗れたドイツと，さらに準々決勝でスペインに敗れたパラグアイと比較してみればいいのです．つまり，2番目を判定するためには，優勝者に負けた人だけと比較すれば簡単に決めることができる．総当たり戦よりも，ぐっと対戦数が少なくてすむということになります．

先ほどの総当たり戦では1位と2位を決めるのには最

悪で29回（15回＋14回）の対戦が必要でした．それが，トーナメント方式を使えば，15＋3回＝18回ですみます．優勝者に負けたのは，自分自身を除けば3個のボールだけです．この時点で，総当たり戦に比べると，対戦は11回分も省略できることになります．

さて，そうやってすべてトーナメント方式で，並び替えをするのに必要な回数を計算すると，多くて64回となります．総当たり戦では120回でしたから，約半分くらいの対戦数ですむというわけです．さらに，少ない比較回数で重さの並び替えをするためには，隣り合う敗者同士で比較すればいい．今度は先ほどのトーナメントの逆で，軽いほうが先に進みます．すると，その敗者が1番軽いボールであるとわかります．こうやって，2番目，3番目に軽いボールも探していくことができるのです．

クイズ6：期末試験

ある中学にて期末試験が行われた．受験者数は100人．この試験で上位30％以内に入った者は推薦対象となるので，まずは推薦対象者を判別したい．どこまでが上位30％かどうかを判別するためにどのくらいの計算回数が必要か．

8. テニスボール問題からソーティングへ

　じつはこのやり方は，コンピューターの「ソーティング」という動作で行われているプロセスとまったく同じなのです．ソーティングというのは，先ほども出てきましたが，数字がたくさん並んでいたときに，大きい順・小さい順に並び替える，というもの．先ほどのテニスボール問題も，単純にテニスボールを数字と見なせば同じだということがおわかりになるでしょう．

　ところで，問題設定のときに，作業としては2個を比較することしかできない，といいました．これはなぜかというと，チューリングマシンの説明にもあったように，コンピューターの性質による制約です．

　コンピューターは，2進法の数字で入力情報をもらいます．ところが，そのもらった情報を，人間にように瞬時にどちらが大きいか/小さいかと，判断することはできません．入力数字を「数」として認識していないので，即座に大小の判断がつけられないのです．さらに，コンピューターは1回の動作で一つの作業しかできない．つまり，三つの数字の大小を1回で判別することはできません．先ほどの天秤の場合と同じです．コンピューターが1回でできるのは，足し算か引き算のみ．ここでは二つの数の大小を決めるのだから，コンピューターができるのは，二つの数字を引き算して大小を判別することだけになります．先ほどの問題設定で，1回の作業

で2個しか比較できないという条件をつけたのは、コンピューターが何をやっているかを理解していただくためだったのです.

このように、コンピューターというのはじつに生真面目で、融通がききません。残念ながら、人間のように柔軟に対処するということはまったくできないのです.

9. コンピューターの計算量を減らすために

ここで問題なのが、いったい何回コンピューターに作業させれば、先ほどの問題が解けるのか、ということです。それが、コンピューターの速度を決める大きな要因の一つとなります.

少し専門的になりますが、コンピューターの速度を決定する大きな要因の一つに、アルゴリズムの計算量があります。先ほどもいいましたように、アルゴリズムとは解決方法のことで、このテニスボール問題でいえば、総当たり戦とかトーナメント方式のやり方が、アルゴリズムとなります。そして、アルゴリズムの解決に要する時間が計算量です。計算量というのは、要するに入力の数の関数です。先ほどのテニスボール問題の関数は、総当たり戦だと $N(N-1)/2$ くらい。これは、単純に N 人と N 人のグループがいて、そのペアがどれくらいあるか、というのと同じことを意味しています.

一方で、トーナメント方式では $N \times \log_2 N$ となり、対数で表すことができます。$P = \log_a M$ というのは、a を

P 回掛け算したら M になるという意味でした．たとえば，$2 = \log_3 9$ というのは，3^2 で9になる，ということを表しています．先ほどのトーナメントに戻ると，$\log N$ というのは，N チームが参加したトーナメントにおいて，優勝するためには何勝すればいいのか，ということを表しています．先ほどの例だと 16 チームですから，$N \times \log_2 N$ の式に当てはめると $16 \times \log_2 16 = 64$ となる．すなわち 64 試合ということになるのです．

しかし，もしボールが1億個あったとしたら，どうでしょうか．1億個というのは現実的ではないように感じられるかもしれませんが，たとえば，アメリカ合衆国でお金を稼いでいる人が1億人くらいいたとして，その人たちを稼いでいる順に並び替える，ということはあり得るでしょう．これを総当たり戦で解くとすると，じつは，どんなに速いコンピューターを使っても 15 日くらいはかかってしまいます．

ところが，トーナメント戦を使うと，随分と速くなる．$N \times \log_2 N$ に当てはめると，だいたい 10 分くらいでしょうか．なぜ，こんなに違ってくるか，実際に，$N(N-1)/2$ の N のところに1億を入れてみるとわかると思います．1億というのは，書き換えると 10^8 になります．$N = 10^8$ として計算すると，$N(N-1)/2$ はだいたい 10^{16} ほどの数になります．一方で，$N \times \log_2 N$ に 10^8 を当てはめて計算すると，だいたい 10^{10} よりも小さいくらい．ということは，総当たり戦だとトーナメント方式に比べて，10^6 倍の計算をしなければならなくなるという

ことになるのです．たとえば，トーナメント方式で計算するのに1分かかるとすると，総当たり戦だと900日かかってしまうという計算になります．これがもし，10^8倍になってしまったら，それこそ人間が生きている間に解くことはできないでしょう．

つまり，同じデータを並び替えるだけでも，やり方次第で，ずいぶんと作業量に違いが出てきてしまいます．いくらコンピューターが優秀でも，膨大な計算をさせて，時間がかかってしまうのでは意味がありません．そこで，コンピューターの高速化のためには，できるだけ計算量を減らすということが非常に重要になるというわけです．

10. 計算量が爆発すると，一生かかっても解けない

ちなみに，logを理解するのには半減期を思い浮かべるとわかりやすいかもしれません．半減期というのは，放射性核種あるいは素粒子が崩壊して，その核種あるいは素粒子の半分が崩壊する期間のことをいいます．たとえば，10年の半減期の物質があったとします．10年で半分になるわけですが，20年経ったらどうなるでしょうか？

20年で0になるわけではなくて，答えは1/4となります．次の10年で1/8，さらに次の10年で1/16になると．これは，トーナメント方式にそのまま当てはめる

ことができます．1回戦終わればチームが半分になって，2回戦が終わるとさらに半分になる．スポーツの試合に当てはめると，いきなり半分になってしまうのでちょっと残酷な感じはしますが，考え方は同じです．つまり，放射性物質が限りなく微量になることと，何回勝てば優勝できるかということは，じつは同じ考えの上に成り立っているということなのです．先ほどのテニスボール問題のように，16チームなら$\log_2$の16を解いて，4回勝てばいい，となります．

ちなみに，logでは2の底のほか，10の底というのもよく使われます．こちらは1/10ずつになっていく，という場合に使うことができます．

ところで世の中には，$N(N-1)/2$よりももっと，大変な計算を強いるアルゴリズムがたくさん出てきます．N^3とか，2^Nとか3^Nとか．たったそれだけの変化で，計算量は膨大に増えることになります．

図表9を見てください．N^2であれば，Nが60だとしても，60^2なら0.0036秒で解くことができます．60^3でも，まだ，それほど大変ではありません．ところが，N^5となると，Nに60を入れた場合，13分もかかってしまう．これが2^Nとなると，Nが大きくなればなるほど，とてつもないことになります．2^{50}の場合，絶対に電卓には入りきらないし，計算しようとすると，35.7年もかかってしまう．2^{60}ともなれば，なんと306世紀です！　ですから，3^Nなどは，まったく違う世界になります．もしこんなアルゴリズムを提案する数学者がいた

		入力するデータ量 (N)					
		10	20	30	40	50	60
アルゴリズムの種類	N^2	0.0001秒	0.0004秒	0.0009秒	0.0016秒	0.0025秒	0.0036秒
	N^3	0.001秒	0.008秒	0.027秒	0.064秒	0.125秒	0.216秒
	N^5	0.1秒	3.2秒	24.8秒	1.7分	5.2分	13分
	2^N	0.001秒	1秒	17.9分	12.7日	35.7年	306世紀
	3^N	0.059秒	58分	6.5年	3855世紀	$2×10^8$世紀	$1.3×10^{13}$世紀

図表9 データ量 N の問題を解く時間量

としたら,それはもう数学者としては失格です.

ところが,最近,こうした巨大データを扱わなければならない問題が多発しているのです.現在,地球上で10億ぐらいのデータを扱わなければならないような問題はたくさんあります.たとえば,TwitterやWebのデータは,10^9(10億)以上もあるといわれています.そこまでいかなくても,日本の人口は1億2000万人以上ですから,国勢調査なら1億以上のデータを扱うことになります.当然,1000万くらいのデータを扱う問題などはざらです.日本でも,5000万人くらいの人がお金を稼いでいるわけですから,それを稼いでいる順に並び替える,ということは現実的に起こり得るでしょう.

ほかにも,DNAの解析や,脳の神経回路の解析なども,膨大な計算を要します.こうなると,総当たり戦ではとても太刀打ちできませんから,実用的に解こうと思

ったら，トーナメント方式を採用するしかありません．

じつは，このトーナメント方式には，離散数学のエッセンスやアイディアがたくさん使われています．離散数学の進展により，誰でも思いつきそうな総当たり戦からトーナメント方式が生み出され，さらにその考え方が，計算機科学のソーティングに応用されている．つまり，私たち離散数学を専門とする数学者の大きな役割の一つは，膨大に時間がかかってしまうような計算を，頭を使って効率化して，無駄な計算を省いてやることにあるというわけです．

計算式を考える上でもっとも重要なのは，一番大きな数になる項について，ある一定の数を超えないようにしてやることにあります．そうしないと，あっという間に計算量が爆発してしまうし，コンピューターが動かなくなってしまうからです．そうならないように工夫するのが，私たち数学者の腕の見せ所なのですが，面白いことに，問題の定式化というのは，誰がやっても同じになるわけではないのです．それこそが数学者のセンスが問われる．逆にいえば，速く最適な答えが出せるのであれば，どんな定式化だってかまわないのです．プロセスはどうだっていい．そこには，いわゆる数学的な美しさや完璧さは必要でない場合もあります．どんな手を使っても，計算量を減らすということが数学者の使命になるのです．

実際に，アルゴリズムで無駄を省くだけで，計算時間が半分どころか，1/10くらいになるということもよく

あります.このアルゴリズムの効率化の研究をしている人の多くは,離散数学に近い分野のオペレーションズ・リサーチの人たちです.

数学者がコンピューターの効率化に役立っていることが,少し理解いただけたのではないでしょうか.

11. 野球の試合スケジュールに,離散数学を役立てる

では,離散数学を使った,より実用的な事例を紹介しましょう.次の問題は,プロ野球のパ・リーグの試合日程を考える,というものです.単純に試合日程を組むだけです.

なぜパ・リーグを対象にするかというと,仙台の楽天と千葉ロッテ以外はドーム球場なので,雨天中止の場合が少ないため,問題が設定しやすいことに加え,パ・リーグのほうが日本全国に球場が分散しているので,数学的に解く面白みがあるからです.逆に,セ・リーグは在京の3チームの移動距離が少ないので,問題として面白くない,というわけです.

ちなみに,日本のプロ野球は各リーグ6チームずつで,メジャーリーグは14チームと16チームですが,コンピューターですんなり計算できるのは6チームくらいまで.8チームくらいまではなんとか計算できますが,普通のパソコンだとおそらく5日くらいの日数は必要になるでしょう.それが,10チームになった途端に,計

算量が爆発してしまい，計算できなくなります．なぜなら，計算量がデータの数×データの数乗くらいになるからです．

6チームなら，6^6 ですみますが，10チームになると 10^{10} くらいになってしまう．そのくらいはたいした差ではないように思うかもしれませんが，先ほどの図表9を思い出してください．10^{10} とは，10を10回かけることですね．10を1回かけるごとに0が1つずつ増えていくので，0が10個，つまり100億になります．一方で，6^6 というのは，10^5 よりも小さいくらいなので，その差は 10^4 ほどもある，ということになります．6^6 のデータを計算するのに1時間かかったとしたら，10^{10} は1000時間でも足りないでしょう．

もっとも，先ほどもお話ししたように，現在では1000億回くらいの計算を扱わなければならない問題もたくさんある．全人類の個人情報を扱えば，1000億ではすまないでしょう．だからこそ，このような膨大な計算量を必要とするデータに対しては，大型のスーパーコンピューターが不可欠なのです．

さて，話を元に戻しましょう．

パ・リーグには現在6球団あって，それぞれ拠点は北海道，仙台，千葉，埼玉，大阪，福岡となっています．なんとかして各球団の移動距離をできるだけ短くして，選手の負担や移動費，移動による CO_2 排出量を減らせるように日程を組もうと取り組みました．

試合数は各チーム120試合です．単純に同一カードは

年間24試合で，ホーム12試合，アウェイ12試合として考えます．つまり，24×5＝120試合です．ちなみに，実際のプロ野球は144試合なのですが，残りの24試合は交流戦なので，こちらは勘定に入れないことにして計算しました．

ただし，以下の条件をつけています．

① 一つのカードは3連戦しかできません．
② 4カード連続のホーム，またはアウェイは禁止です．つまり，単純にホームゲームもアウェイゲームも9試合までしかできません．
③ なるべく1か月の間に，ホームの試合の数と，アウェイの試合の数を均等にします．

この問題を解く上で，3連戦以内という条件がなければ，最適解は簡単に出すことができます．単純に，12試合連続で日本ハムと楽天を札幌ドームで戦わせて，それが終わって楽天が移動する，というのであれば，移動距離も少ないし単純です．でも，これではフェアではありませんし，ファンもずっと同じ試合を見ることになるので面白くない．ちなみに，実際の日本のパ・リーグでは，3試合連続または6試合連続ホーム，またはアウェイを基本とした試合日程が採用されています．

12．メジャーリーグ方式で移動距離を短く

野球の試合スケジュールの問題にポスドク（博士研究員）と取り組んでいるのですが，僕たちはメジャーリー

	C	T	H	O	F	S	トータル
Chiba	—	5	0	4	4	2	15
Tohoku	5	—	5	2	1	3	16
Hokkaido	0	5	—	5	3	1	14
Orix	4	2	5	—	0	3	14
Fukuoka	4	1	3	0	—	3	11
Saitama	2	3	1	3	3	—	12

図表 10　あるシーズンの 9 月 10 日を終えての残り試合

グ方式というものを採用することにしました．メジャーリーグの基本方式は，9 連戦で行われています．9 試合まで連続してホームで試合をして，その後，9 試合アウェイに行き，またホームに戻って 9 試合を行う．このような方式を基本にして，新たにスケジュールを組んでみることにしました．

また，どのチームも，ホームの試合消化数とアウェイの試合消化数の差が 6 試合以内となるようにしました．というのも，リーグの終盤戦で優勝争いをしているチーム同士が，6 試合連続で一つの球場で試合を行うということがないようにするためです．現在の試合日程も，このルールに則っています．さらに，どの他球団とも，ほぼ均等に試合を消化するようにします．具体的には消化試合差が 3 試合以内になるようにしました．

じつは，この同時に試合を消化していく，というのが問題をより難しくしています．現状のスケジュールでは，6 試合も差がついてしまうことがあります．図表 10 はあるシーズンのパ・リーグの 9 月 10 日を終えての残り試合を示したものですが，オリックスは最後の 14

	1	2	3	4	5	6	7	8	9	10
Chiba	S	T	O	F	H	O	F	T	H	S
Tohoku	O	C	H	S	F	H	S	C	F	O
Hokkaido	F	S	T	O	C	T	O	S	C	F
Orix	T	F	C	H	S	C	H	F	S	T
Fukuoka	H	O	S	C	T	S	C	O	T	H
Saitama	C	H	F	T	O	F	T	H	O	C

図表11 対戦スケジュール改善案（下線はホーム）

試合を残して，福岡ソフトバンクとは試合を終えているのですが，北海道日本ハムと5試合も控えています．こうなると，いろいろな面で不利なことが起こります．とくに，日本ハムとオリックスが優勝争いをしていればいいのですが，もし，両方とも下位に沈んでいたら，たんなる消化試合になってしまいます．

そこで僕たちは，3試合をセットにして，1か月間でホームとアウェイの消化試合の差がつかないようにしたり，同一カードはなるべく一緒に進行したり，ということを配慮して，図表11のような新しい対戦スケジュールを提案してみました．

すると驚くことに，移動距離にして，現状と比較して二十数％も減らせることがわかったのです．福岡ソフトバンクに至っては，40％も減らすことができました．最新の研究では，さらに5％程度の移動距離の削減が可能であるということもわかっています．

なお，移動距離削減による旅費の削減分は，年間2000万円くらいです．1軍の平均年棒よりも低いくらいなので，経費削減という意味では，さほど影響はありま

Chiba	合計移動距離 16.285 km= 現状から 26.7%削減
Tohoku	合計移動距離 17.957 km= 現状から 24.5%削減
Hokkaido	合計移動距離 21.553 km= 現状から 27.5%削減
Orix	合計移動距離 18.540 km= 現状から 16.6%削減
Fukuoka	合計移動距離 20.368 km= 現状から 38.7%削減
Saitama	合計移動距離 18.374 km= 現状から 5.2%削減

図表 12　対戦スケジュール改善案で削減される移動距離

せん．

　ただ，現状のスケジュールと比較して見ると，東北楽天など，じつに気の毒だということがよくわかります．アウェイ，ホーム，アウェイ，ホームと繰り返していて，全部，移動しなければならないということもある．こうなってくると，もしかすると試合結果にも，少なからず影響が出てくるかもしれません．一方で，3カード（9試合）連続ホーム，3カード（9試合）連続アウェイ方式を取り入れると，移動距離をかなり減らすことができる．これなら，不公平感もかなり解消できるでしょう．

　ただ，いくつか問題もあります．たとえば，千葉ロッテの場合．最初の5カードの15試合で，残り5チームとすべて対戦しています．最初の3連戦はホームで，その後は3カード連続のアウェイ，そして，3カード連続のホームです．その次の5カード15試合でも，すべてのチームと対戦します．ところが，千葉ロッテ対東北楽天を見ると，2カード（6試合）ともアウェイになって

いる．つまり，どこかに歪みが出てくる，ということです．この方法だと，ホームとアウェイのバランスが崩れてしまうのです．

たとえば，千葉ロッテと埼玉西武，千葉ロッテと大阪オリックスは消化する試合は同じペースで進んでいきますが，残念ながら，千葉と東北は最初の6試合，すべて仙台で試合をしなければなりません．こうなると興行の面で影響が出てくる可能性があります．つまり，シーズンの開幕時は注目度が高いし，終盤は優勝争いで人が集まるといったことに配慮されていないのです．シーズンの開幕と終盤は書き入れ時なので，球団にとってはホームのほうがありがたい．本来なら，そうした興行面に配慮した対戦スケジュールを組まなければなりません．

ほかにも金曜日，土曜日，日曜日の試合は観客動員数が多くなり，週末に試合をするほうが確実に儲かります．ところが，ある球団ばかり週末にホームゲームがあるようなスケジュールだと，不公平になってしまう．それから，Carry Over Effect（持越し効果）といって，試合の展開としては，弱いチーム，強いチーム，弱いチーム，強いチームという具合に，対戦相手のレベルが分散されたほうが展開として面白い．それが，強いチームとばかり当たると連敗が続く可能性があるし，連敗が続くと，負け癖がついてしまい，弱いチームと対戦しても勝てなくなって沈んでしまうこともあります．

そういう意味で，このスケジュールは完璧ではありません．僕らが提案した新しいスケジュールでは，移動距

離が削減され,環境にもやさしいのですが,興行的にいいかというと,そうとは言い切れない.そこまですり合わせて初めて,私たちの研究成果が実際に使われるようになっていくのだと思います.

クイズ7：先生の適正人数

 ある私立中学には各学年3クラスあり,各科目の授業時間は下表の通りとする.また,平日は8〜14時（12〜13時は除く）,土曜は8〜12時に授業が行われるとする.

	国語	社会	数学	理科	音楽	美術	保体	技家	英語	道徳	総合	特活	合計
1年	4	3	4	4	1	1	3	1	4	1	2	1	29
2年	4	3	4	4	1	1	3	1	4	1	2	1	29
3年	4	3	4	4	1	1	3	1	4	1	2	1	29

(時間)

1. 先生は最低何人必要か.
2. どの先生も2科目しか教えられないとしたとき,先生は最低何人必要か.また3科目を教えられる場合はどうか.

13. Jリーグの対戦スケジュールの妙

 では,サッカーのJリーグではどうでしょうか.
 Jリーグの場合は連戦というのがなく,基本的には週末に試合をするので,移動距離を縮めるということはほ

とんどできません．離散数学を応用するとしたら，チームの強さのバランスをいかにとるか，ということに尽きるでしょう．もちろん，ホーム，アウェイを3試合連続して組んではいけないとか，代表を輩出するような強豪クラブの場合は代表戦に配慮しなければならないとか，いろいろな条件が加わるので，解き甲斐のある問題の一つではあります．

　しかしながら，チームの強さを考慮するというのはじつに難しい．去年まで優勝争いをしていたチームが，今年になったら突然，降格争いをするようなこともあり得ます．2011年のJ1の浦和レッズがそうでした．2012年は，ガンバ大阪がまさかの降格争いをしてしまいました．逆に，2011年は，J2から昇格したばかりの柏レイソルが優勝しました．そういう，チームの強さまで加味した対戦のバランスを見ながら答えを導き出すのが我々数学者の腕の見せ所とはいうものの，実際には，これはなかなか難しい問題です．逆にいうと，前年，成績の奮わなかったチームが，スケジュールに恵まれたことで好成績を残すということもあり得るのです．だから，チームのメンバーはさほど入れ替わりがないのに，年によって成績が浮き沈みするということが起こるのでしょう．

　つまり，対戦スケジュールというのは，チームの勝敗に少なからず影響を及ぼしているといえます．連戦でけが人が続出することもありますし，降格争いをしているチームにとっては，それこそ対戦スケジュールによって命運が分かれてしまうこともあるでしょう．あるいは，

終盤戦になると，順位と関係ないチームは，対戦相手によってはモチベーションが下がってしまうなどということもある……．そう考えると，対戦スケジュールの妙とでもいうべきか，ゲームを面白くするのも，つまらなくするのも，スケジュール次第ともいえます．

いずれにせよ，野球とサッカーでは，スケジュールを組む際に着目する点が違うということ．野球の場合はペナントレースが長いので，どんなに強いチームでも5連敗ぐらいすることはあるけれど，Jリーグの場合は，5試合連続で勝てなかったら，優勝はほぼない．そういうことができるだけ起こり得ないように配慮しつつ，スケジュールを組まなければなりません．しかし，そういったさまざまな条件に配慮しながらスケジュールを組むというのは至難の業です．逆にいえば，対戦スケジュールも含めて，勝つも負けるも，その年のチームの運次第といえるのかもしれませんが……．

14. 対戦スケジュールにコンピューターを導入

そもそも，スポーツのスケジューリングに数学が応用されるようになったきっかけは，アメリカの大学リーグの経費削減から始まったようです．経費削減というのは切実な問題であると同時に，学内の研究者たちの格好の研究材料だと考えられたのでしょう．

その後，少しずつスポーツのスケジューリングにコンピューターが導入されるケースが増えてきました．メジ

ャーリーグではアウェイの連続が少ないスケジュールにコンピューターを導入しているだけでなく，TV放映権の販売先までもコンピューターで解いているようです．

実際に，メジャーリーグでは，何十億もの予算を削ることができたといいます．全米の移動は距離が長く，すべて飛行機を使うため，効率化をはかることで，交通費を大幅に減らすことができるようになったのです．

ちなみに，メジャーリーグのスケジューリングは，完全入札制なので，僕らでも参加することができます．ただし，本気でやろうとするならスパコンが必須になりますし，20人くらいのチームを組まないと解くことはできないでしょう．それくらい，スケジューリングというのは，解き甲斐のある問題なのです．現在は，カーネギーメロン大学のオペレーションズ・リサーチを専門としている研究グループが手掛けているそうです．

Jリーグでも，数年前よりコンピューターソフトを導入し，最適なスケジューリングができるようになりました．ただし，前年度，もしくは一昨年度の情報に基づいて組んでいると思うので，強豪チームかそうでないか，といったことがうまく反映できていない可能性があります．

野球のほうはよくわからないのですが，我々が最悪の場合を計算してみたところ，現状のスケジュールの移動距離は最悪に近いことがわかりました．けっして効率的でないし，各チームの移動距離もかなり違う．どうしても，札幌や福岡のチームは移動距離が多くなっていま

す．ただし，福岡のチームにしてみれば，東京に行くのも札幌に行くのも，飛行機に乗ってしまえば，選手の負担自体はあまり変わらないので，単純に距離に換算できない部分はあるのかもしれません．とはいえ，少なくとも旅行回数を減らすことができれば，選手のコンディションにとっては喜ばしいことだと思います．

　ところで，効率性だけでなく，エンターテインメント性などさまざまなことを考慮してスケジュールを組むとなると，数学的にはより難しくなるように感じられるかもしれませんが，そうとも限りません．逆に条件が決まることで，計算が簡単になる可能性もある．したがって，最初に数学者がやらなければならないのは，一般的な問題を先に解いて示すことにあります．それを示したあとにさまざまな条件を加えていき，現場の人とすり合わせて，応用につなげていけばいいということです．

　いずれにせよ，離散数学にはパズル感覚で取り組めるような，面白い側面があることを感じていただけたのではないでしょうか．このように離散数学の進展によって，コンピューターの動作の高速化に貢献できたり，野球に限らず，さまざまなもののスケジューリングをすることが可能になり，ときには2～3割ものコストダウンにつながることがあります．その取組みは，まだ始まったばかりなのです．

第3章

つながりを解き明かすと,
意外なものが見えてくる

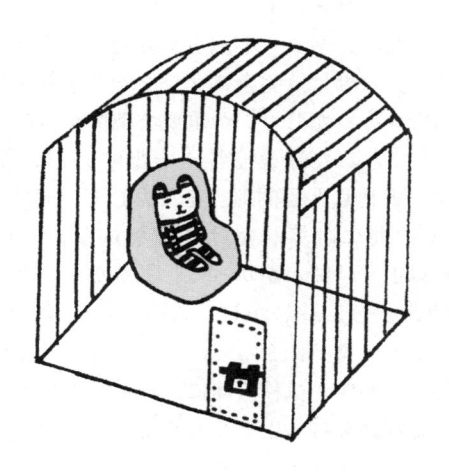

1. 離散数学はカーナビにも使われている

　ここまで，私たちの生活の中に離散数学が使われてきている事例を紹介しましたが，まだまだほかにも，離散数学は私たちの生活の身近な場面で活用されています．この章では，そうしたいくつかの事例を紹介しましょう．
　まずは，代表的なのがカーナビです．
　カーナビというのは，数学的にいえば，地図上の経路のうち，いかに最短の道筋を求めるかという，グラフの問題になります．スタート地点や目的地を頂点として，道路を辺と見なせば，完全にグラフで書き表すことができるからです．ただし，一つ重要な条件がついている．それは，「できるだけ速く答えを出す」ということです．スタート地点と目的地点を入力して，せいぜい5～10秒までの間に計算しなければならない，ということ．それ以上，時間がかかってしまったら，カーナビとしては使えません．しかし，この5～10秒という時間は，コンピューターにとっては，決して十分な時間ではありません．わずか数秒の間に，日本地図をすべて調べ上げて，全経路を打ち出そうとしたら，膨大な計算量が必要になってしまうからです．
　たとえば，車で東京から大阪まで行く場合，私たちは東名を使って名古屋を経由して名神を行くのがよさそうだな，といった情報を経験的に知っていますが，カーナ

ビではしらみ潰しに見ていくので，かなり広範囲にわたっていくつもの経路を調べなければなりません．もっとも時間さえかければ，非現実的な答えまで含めて調べ上げることはできるかもしれませんが，私たちが求めているのはそんな答えではないでしょう．完璧でなくてもいいから，そこそこの解を時間をかけずに出す，というのがカーナビの最大の使命です．しかし，じつはこれが結構，難しい．

もっとも，日本の場合は，海に囲まれていることが幸いしています．内部で閉じているので，情報量が少なくてすむ．現状だと 10^5 くらいのポイント（交差点や T 字路など）が入っている感じでしょうか．それなら，2 秒もあれば，最短距離を出すことはできるでしょう．とはいえ，やはり細い裏道まで全部を入れ込むことはできないので，あらかじめ取捨選択が必要になります．実際には，それほど大きなデータは扱っていないようです．

当然，アメリカやヨーロッパなら，そうはいきません．ヨーロッパなどでは，国境を越えて運転するということはよくありますし，アメリカでも 4〜5 時間かけて運転するのが普通のことです．とくにアメリカでは，東京—福岡間くらいの距離を自動車で移動することを苦にしない人が多いのです．東京—小田原間くらいの距離を通勤している人もざらにいます．渋滞がないので，80 km 程度なら，1 時間もかからないで移動できてしまうからでしょうか．

ただ，カーナビにとっては，移動する距離が増えれば

増えるほど，情報量も増えていくので，計算が大変になります．もっとも，アメリカの場合は，ハイウェイを使うのが当たり前なので，経路の選択肢はさほど多くはありません．そういう意味では，ヨーロッパのほうが，各国ごとに都市があり，道も複雑なので，すべて網羅するのはかなり困難になります．

　もう一つの難しさは，カーナビの場合，車に搭載できるようにデバイスが小型で，ソフトにCDを使っていることから，メモリが限られている点です．にもかかわらず，つねにアップデートをして，リアルタイムで情報を更新しなければなりません．最初に求めた経路で渋滞が発生してしまったら，それはもう最短ではなくなってしまう可能性があるからです．ですから，そのつど，最新の交通情報をアップデートして，それを基に最短経路を導き直していく必要があるわけですが，これもなかなか大変な作業です．

　あるいは，距離は近くても細くて通り抜けしにくい道だったり，上り坂か下り坂かによって，所要時間が変わってくることもあります．そのあたりも，プログラミングに工夫が必要になります．

　ただ，カーナビは衛星と連動しているので，衛星から補完的に情報をとってくることはできます．CDのほうには幹線道路や主要道路を入れて，小さな裏道は，衛星情報を頼りにするといった具合に，役割分担をしているのです．たとえば，その場所に近づいてきたら，衛星を経由して，詳細な情報を入手することができます．ま

た，ユーザーが使う場所というのは，ある程度限られるので，よく行く場所を学習して，エリアごとにアップデートするといったこともできるようです．こうした技術には機械学習の分野の知見が生かされています．

2. 正確な答えよりも，そこそこの答えを速く出す

　機械学習というのは，その名の通り，機械に人間のように学習をさせることを目指して始まった人工知能の中の研究分野をいいます．現在この機械学習は，検索エンジンや医療診断，スパムメールの検出，ロボット技術などに活用されています．

　たとえば，Google 検索などで，自分がよく見るサイトは上のほうに出てくるようになっていますが，これも機械学習によるものです．ユーザーがよく使う情報を覚えておくことで，次に使うときにそれを参考にしながら，検索結果に反映しているのです．そして，使えば使うほど，その情報の部分が強化されるような仕組みになっています．ほかにも，ヒートポンプ技術を利用して，空気の熱でお湯を沸かす「エコキュート」などにも，機械学習が活用されています．たとえば，生活している人が，毎日だいたい何時くらいにお風呂に入るのか，その人の生活のパターンを学習しておいて，それに合わせてお湯をつくるといった具合です．

　しかし，実際には，機械は人間のようには学習できま

せん．人間はじつにフレキシブルに過去の場面と似たような状況に当てはめて応用することができますが，コンピューターは，いつものルーティンをちょっと変えただけで，すべて一から計算し直さなければならない．つまり，石頭なのです．機械学習は，機械を少しでも人間に近づけようという動機から始まった研究でしたが，いまだになかなかいい方法は見つかっていません．じつのところ，コンピューターの膨大な計算能力に頼らざるを得ないのが現状です．

　そうした中，近年，計算機科学の分野では「ヒューリスティック」と呼ばれる方法が注目されています．これは，必ず正しい答えが導き出せるわけではないけれど，ある程度のレベルで正解に近い解を得られる方法を導き出そうという考え方です．たとえば，今の時点での選択が1日後にどんな変化をもたらすかわからないけれど，とりあえず30分後の変化だけを見て，それでさっさと答えを導き出してしまうといったことを目指します．

　この方法は，ある意味，人間の選択のしかたに近いといえるかもしれません．実際に，ヒューリスティックという用語は，計算機科学だけでなく，心理学でも使われています．前者はプログラミングの方法を指し，後者は人間の思考方法を指しています．

　多くの人は，日常の中で何かを選択するときに，10年後にどうなるかということまでは，ほとんど考えないのではないでしょうか．とりあえず，目先の今日明日のことや，せいぜい1週間くらいのことを視野に入れて，

その短いスパンの中で，ベストな選択をしているはずです．これと同様に，ヒューリスティックの方法は，必ずしも正しい答えが導き出せるとは限らないけれど，目先の状況に照らして，ある程度妥協しつつ，そこそこの解を導き出そうというものです．

ただ，この方法で難しいのは，先の例でいえば，30分後は大した変化じゃなかったのに，1日経ったらとんでもない変化が起こってしまうこともあり得るという点．その判定をしようとすると，結局，最悪の事態を想定してすべて計算しなければならなくなって，やはり計算量が爆発してしまう．それこそが，人工知能（AI）がぶつかっている壁でもあるのです．

カーナビよりもさらに膨大な計算をしなければならないのが，Yahoo！とかGoogleの地図検索です．あらかじめ地図情報をすべてもっているため，そこからマップを検索するとなると，最短距離を探すのはもっと大変な作業になってしまいます．

少し種明かしをしますと，これらの検索では，じつは，即座に答えを出せるように，最短を求めることを捨てている部分もあります．多少のエラーは見過ごして，最善の経路を導き出すことに重きを置いている．もし，きっちり最短を求めようと計算すると，やはり，軽く5時間くらいはかかってしまうでしょう．それでは役に立ちません．そこで，おおざっぱに15〜20％くらいのエラーは許容しようという発想のもとに設計されています．また，できるだけメモリを使わないようにする工夫

第3章　つながりを解き明かすと，意外なものが見えてくる　　79

にも，離散数学が役立てられています．

3. ターゲットを立てて，計算速度を速くする

　地図検索のような問題は，経路が多くなればなるほど，数秒で答えを出すというのは大変難しくなります．おそらく，数秒で答えを出すには，アルゴリズムとしては1000とか，せいぜい $\log n$ くらいの計算量しか許されません．

　僕自身は地図検索そのものの開発を手掛けたことがないので，具体的にどのような仕組みが使われているのか詳しくはないのですが，学問的にいえば，計算を速くするには，ターゲットを立てるのが有効だと思います．ある距離ごとにターゲットを立てておいて，あらかじめターゲット間の計算をしておく．そうして，行先が入力された時点で，スタート地点とゴール地点に近いターゲットを探し出し，その2地点までの最短距離を割り出し，さらにターゲット間の距離を加えてやるのです．あらかじめ，ターゲット間の距離を割り出しておくことで，ある程度，事前にコンピューターに学習をさせておくのです．

　このように，あらかじめ学習をしなければ，こうした問題を解くのは無理だと思います．ただし，どこにターゲットとなる旗を立てるか，それを決めるのはなかなか難しい．おそらく経験に基づいて，ターゲットが決められているのだと思いますが，それによってカーナビの使

いやすさに影響が出るということもあるでしょう．カーナビが脇道よりも大通りを好む傾向にあるというのも，大通りにターゲットがたくさん立てられているためだと思います．それはそれで，ときには不都合なこともありますが，そのようにターゲットを決めておかないと，数秒で経路を計算するなんてことはとてもできないのです．

　ちなみに，カーナビで扱うような道路網というのは，限りなく「平面グラフ」に近いものといえます．平面グラフというのは，平面上の頂点の集合と，それを交差なく結ぶ辺の集合からなるグラフのこと．つまり，どの二つの辺も，それが隣接する点以外では幾何学的に交差しないように描かれるグラフをいいます．逆に，どうしても辺が交わってしまうようなグラフは，「非平面グラフ」と呼ばれています．

　ちなみに，この「平面性の定理」は，1932年にクラフトスキーによって発見されました．ある条件を満たせば，絶対に辺が交差しないグラフが描くことができるという定理で，「与えられたグラフが平面グラフであるための必要十分条件は，そのグラフが K_5 または K_{33} と同相なグラフを，その部分として含まないことである」という（図表13）．この定理は，ショートしないように配線しなければならない電気回路など，さまざま分野に応用されています．

　道路網の場合は完全な平面グラフではありません．高架や地下など，交差する場所があるためです．ただし，

K$_5$ グラフ　　　　*K$_{3,3}$ グラフ*

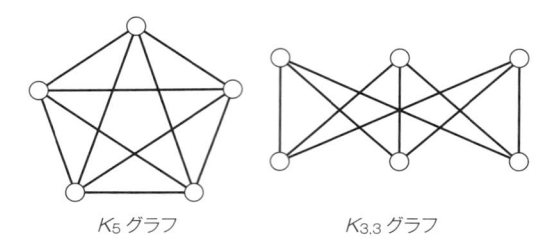

図表 13　K$_5$ と K$_{3,3}$ グラフの例

それは全体から見るとわずかですし，コンピューターに立体的な情報を把握させるというのは結構大変なので，基本的には平面グラフの性質を使って，問題を解いているのです．

4. どうしても解くことができない，「巡回セールスマン問題」

カーナビに限らず，与えられた条件をすべて調べていかなければいけないというのは，数学にとっては大変な課題です．そうしたことから，一見，とても簡単そうに思えるのに，絶対に解けない難問というものが存在します．その一つに，「巡回セールスマン問題」と名付けられた問題があります．

たとえば，あるセールスマンが，担当するお宅を1軒ずつ回り，訪問したお宅に商品パンフレットを置いて，会社に戻ってくるような場合．すべてのお宅を1度ずつ回って，出発地点に戻る際，移動距離が一番短いルート

を探し出す，という問題です．必要なら，同じお宅のある地点を2度以上通ってもかまいません．先ほどのカーナビの場合と似ていますが，カーナビではスタート地点からゴール地点までを考えればよかったのですが，巡回セールスマン問題では，すべての地点を経由しなければならないというのが曲者です．

じつはこの問題，巡回するお宅が数か所なら解くことはできるのですが，数百に増えただけで，一般的には数学で解くことができなくなってしまいます．組合せが多すぎて，計算量が膨大になってしまうのです．もし，お宅が数万件もあったとしたら，コンピューターで答えを出すのに，おそらく何千年もかかってしまうでしょう．

このように与えられた組合せをすべて調べ尽くさなければならない，というのは数学にとっては最大の難問なのです．前章で触れたように，総当たり戦をやるしかありません．

ちなみに，この巡回セールスマン問題は，「NP（Non-deterministic Polynomial time）困難」に属する問題の一つで，ちょっと難しい言い方なのですが，多項式時間（現実的な時間）アルゴリズムが見つかりそうにない，計算量的に困難な問題だと見なされています．NPのP＝Polynomial（多項式）が示しているのは，その問題を解くのに必要な入力の回数を示しています．つまり，先述した$N(N-1)/2$とか，ログの計算で示されるものです．噛み砕いていうと，何か宿題が与えられたときにそれを解くのにかかる時間のこと，そして，NPというの

第3章　つながりを解き明かすと，意外なものが見えてくる　　83

は答案をもらったときに採点にかかる時間のこと，と捉えると少しイメージしやすいかもしれません．しかもこれは，パーフェクトな答案を見て，パーフェクトだとわかる時間のことです．つまり，間違っていない答案に対して，それが間違っていないかを検証するのに要する時間のことと考えることができます．

そしてこの巡回セールスマン問題は，P≠NPな問題だと考えられています．普通に考えれば，採点は5分で終わるけれど，問題を解くのは5分で終わるなんてことはないからです．仮にP＝NPであると示されれば，多項式時間で検証可能な問題は，すべて多項式時間で判定可能であることを意味していて，万一，効率のいい解法が見つかれば，すべてのNP問題を解くことが可能だということになります．ところが，そうした効率的なアルゴリズムが見つかっていないことから，巡回セールスマン問題のように組み合わせをすべて見ていかなければならない問題は，P≠NPだろうと予想されているのです．

じつは，このP≠NP予想問題は理論計算機科学と現代数学上の最大の未解決問題の一つとされています．2000年に，アメリカのクレイ数学研究所からミレニアム懸賞問題として七つの未解決問題が出されましたが，そのうちの一つがこのP≠NP予想問題で，それぞれの問題に100万ドルずつの懸賞金がかけられているのです．

ちなみに，この七つの問題には，「長い間未解決であること」，「最高の数学者が何年も取り組んできた伝統的

な問題であること」,「解決が数学に真の影響を及ぼすと感じられる問題であること」という基準が設けられています．すでに解決したのは，ペレルマンが解いた「ポアンカレ予想」だけです．

ただ，数学者の感覚としては，巡回セールスマン問題のように全体を見なければいけないような問題に関しては，これ以上に速く解くことはできそうにないので，そこそこ使える解を導き出す方法を考えましょう，というのが共通の認識になっています．もっとも，P≠NP予想自体が解かれていないので，まだ本当のところはわからないのですが，経験的には組合せが爆発してしまうような問題を解くのは無理なので，先ほどのカーナビのように，効率よくやる方法を考えるのが，私たち研究者の課題の一つになっています．

実際に，巡回セールスマン問題も近似値を求めることで，ある程度，精度のいい答えを出すことができるようになってきました．この手法は，近似アルゴリズム（approximation algorithm）といって，新しい研究分野として進展しつつあります．

多少のエラーはあったとしても，とにかく数秒で解いて，それなりに使える解を示す方法を考えるということ，これはこれで，ある意味，これからの時代に不可欠な視点ですし，とてもチャレンジングなことだと思います．

Column 6　クレイ数学研究所とミレニアム懸賞問題

　クレイ数学研究所は，1998年に，アメリカのマサチューセッツ州ケンブリッジに設立された数学の発展を目的とそれを広めることを目的とした，個人的・非営利な研究施設です．

　このクレイ数学研究所の名を一躍有名にしたのが，2000年5月24日に発表された，七つのミレニアム懸賞問題です．この問題は，「古典的ではあるものの，長い間証明されていない重要な問題」として選ばれたもの．これらの問題を解いた人には，1問につき100万ドルの懸賞金が支払われることになっています．

　応募は誰でもできます．問題を証明したと思った人はまず，数学の専門誌に発表し，2年たっても反論が出なかった場合に限り，顧問委員会が設置されて，詳しく調べることになっています．そこで太鼓判を押されれば，賞金が獲得できるのです．ちなみに，ポアンカレ予想を解いたペレルマンはフィールズ賞だけでなく，この懸賞金の授与も辞退したことから，賞金100万ドルは数学界の貢献のために活用されることになりました．

　その懸賞問題とは以下の七つ．
・P ≠ NP予想（計算機科学）
・ホッジ予想（代数幾何学）
・ポアンカレ予想（位相幾何学，解決済み）
・リーマン予想（代数的整数論）

- ヤン−ミルズ方程式と質量ギャップ問題（ゲージ理論）
- ナビエ−ストークス方程式の解の存在と滑らかさ（偏微分方程式論）
- バーチ・スィンナートン＝ダイアー予想（数論幾何学）

5. 結婚も離散数学でかたがつく!?

　先ほどの巡回セールスマン問題はどうにも解けない問題でしたが，今度は対象が何人であってもそれなりに解ける問題を紹介しましょう．「安定結婚問題」です．

　こちらは，1962年に，ディヴィッド・ゲール（1921〜2008）とロイド・シャープレー（1923〜）という有名な経済学者によって提唱された問題です．ちなみに，ロイド・シャープレーは，この安定結婚問題に代表される「（マッチング問題における）安定配分の理論とマーケットデザインの実践に関する功績」を称えられ，アルヴン・ロス氏ともに，2012年度のノーベル経済学賞を受賞しています．

　さて，舞台はN人の男性とN人の女性が参加するお見合い合コンです．合コンを経て，男性には女性の，女性には男性の好みの順番をそれぞれにつけてもらいます．この希望をもとに，全員がカップルになるように，組み合わせましょう，という問題です．

第3章　つながりを解き明かすと，意外なものが見えてくる

ここで鍵を握るのは,「安定」という概念.安定というのは,1番目に選んだ人とカップルになるにこしたことはないのですが,そうでなかったとしても,互いに現在組んでいる相手よりも好きであるペアが存在しないマッチングのことで,これを安定マッチングといいます.要するに,一番好みの相手でなかったとしても,それなりに好みの相手と結ばれる,ということ.この問題,じつは何人対何人でやっても,それなりにうまくカップリングすることができるのです.

　具体的に説明しましょう.

　各男性がもっとも好ましい女性にプロポーズをします.たとえば,図表14を見てください.これは,A,B,C,Dの男性4人と1,2,3,4の女性4人の場合です.Aの男性は,一番の好みの女性を1だと答えていて,一方で,1の女性もAの男性を一番の好みだと答えているので,A：1でカップル成立となります.次のBの男性は3の女性を一番だと答えていて,3の女性もBを一番だと答えているので,こちらもカップル成立です.問題はこの後.男性Cは1,2,4,3という順をつけていますが,その時点ですでに1の女性は男性Aとカップルが成立しているので,次の順位の2の女性とカップルになります.男性Dは,3,1,4,2の順番ですが,すでに女性3と1はカップルとなっているので,女性4と結ばれます.これが安定なマッチングです.

　しかしこれは,あくまでも男性グループから見た最適

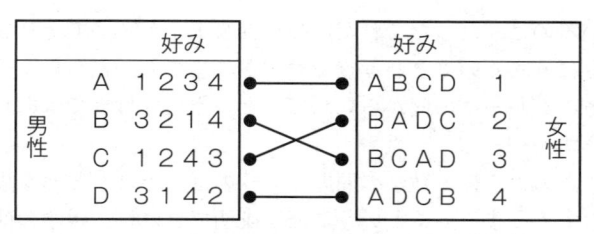

	好み
A	1 2 3 4
B	3 2 1 4
C	1 2 4 3
D	3 1 4 2

男性

	好み
A B C D	1
B A D C	2
B C A D	3
A D C B	4

女性

図表14　安定なマッチング

マッチングになっています．そのため，必ずしも全員が満足するというわけではありません．男性グループの希望をもっとも反映しているということになります．ただし，女性から申し込むように立場を変えれば，今度は女性の最良安定マッチングを得ることができる．しかも，この問題では，安定マッチングが必ず一つ以上存在するということが証明されています．

要領は簡単です．男性が好みの女性を選んでいって，どこかで別の男性とバッティングしたら，女性側の好みの順位を反映すればいい．ただそれだけのことで，それなりにうまくいく．ただし，女性側にしてみたら，自分が選択できるのは相手に選ばれたときだけなので，不公平に感じるのはもっともです．

結婚に当てはめるとちょっと乱暴に感じるかもしれませんが，この方法はむしろ，組織における人の配属の問題に置き換えると理解しやすいかもしれません．学生側が自分が行きたい研究室を選び，研究室側も採用したい学生を選ぶ．互いの思惑が一致すれば，互いに満足が得られる配属となる，ということです．この方法が優れて

いるのは，たったこれだけの単純なアイディアでそれなりにうまくいくという点です．あくまでも，どちらか一方のグループの側から見れば，という条件付きではありますが——．

　このように，数学の問題というのは，それがどんな場合でもうまくいくということが証明できれば，数学の問題になり得るのです．安定結婚問題の場合も，最終的には必ず全員がペアになるという組合せが証明できることから，れっきとした数学の問題といえます．そして，このアルゴリズムは実際に，いろいろな場面で使われています．人事異動や配属，軍の配属などにも活用されているようです．

　もちろん人数が増えても，カップリングは可能です．ただし，人数が増えれば，希望順位も増えてしまうので，組合せが多くなって，計算量が増えてしまいます．その場合は，1番だけを選ばせて，2番以降はどれでもいい，というふうに簡略化することができます．ただし，そうなると，互いに本当の希望を反映するのは難しくなってしまう．あるいは，10人の中から，カップルになってもいい相手を上から5人分だけ順位をつける，ということも可能ですが，やはりこれも，うまくいかなくなる部分が出てきてしまいます．あくまでも希望通りにいくようにするためには，すべてを順位付けしなければならないのです．

　いずれにせよ，このアルゴリズムをコンピューターに入れてデータを入力すれば，悩むことなく最適な答えが

出てくるわけですから，じつに便利な方法だといえます．

6. ビールとオムツの意外な関係

このようにさまざまな問題をグラフに落とし込んで，数学的に扱うことが可能になるなかで，最近，とくに注目されているのが，経済活動や交友関係など，人間行動をグラフ化して分析しようという研究です．こうした人間行動をグラフ化することで，思いもよらない関係性が浮き彫りになることがあります．

その端的な例として知られているのが，1990年代半ばから2000年にかけて，マーケティングの分野において伝説のように語られてきた「オムツと缶ビールの相関関係」の話です．

これは，アメリカの大手スーパーマーケット・チェーン「ウォルマート」による販売データの分析の結果，顧客はオムツとビールを一緒に買う傾向があるというもの．子供のいる家庭では，オムツのようにかさばる商品は，妻が夫に買い物を頼むことが多く，店にやってきた夫はオムツのついでに缶ビールも一緒に買う傾向にある，というのです．夫が車で買い物にやってくる，ということもあるのでしょう．そこで，オムツと缶ビールを並べて陳列したところ，売上が上昇した，といって大変話題になりました．

この話，じつはウォルマートの調査ではなく，小売の

ストア・チェーンでの調査が発端らしく，のちに話に尾ひれがついて伝説と化してしまったようです．実際にオムツと缶ビールの間にはなんらかの相関関係はあるようなのですが，その結び付きがどれほど強いのかはわかりません．ただ，グラフを使えば，こうした購買者と商品の相関を調べることが可能になる．購買者と製品を頂点にして，購買者と購入した製品を結び付けていけば，どういう属性の人が，どういう商品をどれだけ買っているかという相関を簡単に見ることができる，というわけです．

　よく，Amazonなどで商品検索をしていると，ネットの画面に「この商品を買った人はこんな商品も買っています」と紹介が出たりしますが，そうしたことが可能なのも，商品の相関をウォッチしている結果です．グラフに落とし込むことにより，オムツとビールに限らず，意外な関係が見えてくる可能性は大いにあり得るでしょう．

7. エルデシュ・ナンバーとスモール・ワールド現象

　同様に，人間関係もグラフを使うと，思いもよらない関係性が見えてくることがあります．その人間関係を数学者の間で調べたものに，「エルデシュ・ナンバー」というものがあります．

　エルデシュとは，ハンガリー出身の伝説的な数学者，

ポール・エルデシュ（1913～1996）のことです．そして，エルデシュ・ナンバーというのは，彼を中心として，その人との関係性（距離）を定式化したもののこと．エルデシュ本人を0として，エルデシュと一緒に論文を発表した人は，エルデシュ・ナンバー1をもつことができます．

エルデシュ

次にエルデシュ・ナンバー1の人と一緒に論文を書いた人は，エルデシュ・ナンバー2をもつことができる．同様に，エルデシュ・ナンバー2の人と共著の論文を書いた人はエルデシュ・ナンバー3となる．つまり，n以下のエルデシュ・ナンバーをもたない数学者が，エルデシュ・ナンバーnの数学者と一緒に論文を書けば，その数学者のエルデシュ・ナンバーは$n+1$となるという定義です．エルデシュ数をもつ数学者との共著論文がない場合は，そのエルデシュ数は定義しません．

そのように調べてみたところ，面白いことに，現役数学者の大半がエルデシュ・ナンバー6か7くらいまでに網羅されてしまうことがわかったのです．じつはこのエルデシュ・ナンバーは，スモール・ワールド現象の典型例とされています．

スモール・ワールド現象というのは，友だちの友だちは友だちという感じで，芋づる式にたどっていくと，世界中の誰とでも，6～7人程度経るだけでつながることができる，という説です．たいていの人が6～7人経れ

ば，世界中の誰とでもつながれるというのですが，もっとも，それだけ少ない人数でたどりつくためには，必ずどこかで有名人を経由している可能性が高いとは思います．Twitterで，何万人もフォロワーがいるような有名人を経由すれば，すぐにいろいろな人とつながることができると考えると実感しやすいでしょう．ただしその場合，有名人のほうは，フォロワー全員のことを実際に知っているわけではないでしょうから，必ずしも双方向でつながりがあるとはいえない．そうなると，本当の意味でのスモール・ワールドなのかどうか，ちょっと疑問に思えるところもあります．

　ちなみに，僕はエルデッシュ・ナンバー2をもっています．10年くらい前に獲得しました．僕が数学者としてキャリアを積み始めたころには，すでにエルデシュは亡くなっていたので，残念ながら一緒に論文を書くことはできませんでした．エルデシュが亡くなった今となっては，エルデシュ・ナンバー2が最短ということになりますが，じつは離散数学や理論的なコンピューター・サイエンスの研究者の大半は，エルデシュ・ナンバー3以下をもっていることが多いのです．それくらい，エルデシュという人は，離散数学やコンピューター・サイエンスに大きな影響力を与えた研究者でした．少ない数のエルデシュ・ナンバーをもっていることは，数学者の間ではちょっとした自慢の種でもあるのです．

　一方で，エルデッシュは，ある意味，大変な変人としても有名でした．定住する場所をもたず，たえず世界中

を飛び回って放浪しながら，さまざまな研究者と一緒に共同研究を続けていた．その人生の大半が数学だけに占められていて，1日3〜4時間くらいしか寝ないで，ずっと問題を解いていたというから驚きです．ときにはホテルに泊まることもあったようですが，たいていは研究者仲間の家をあちこち泊まり歩いては，早朝4時くらいから，家主を叩き起こして問題を出し始めたという．研究者の奥さんたちからすれば，ずいぶんと迷惑な人だったのではないでしょうか．深夜や早朝に，数学の議論をするために，研究者仲間に電話をかけることも頻繁だったようです．しかも，いつもヨレヨレのスーツにサンダル履きで，とても偉大な数学者には見えない恰好をしていました．受け取った給料や賞金などの大半は寄付してしまい，手元にはほとんどお金を残さなかったという．お金や名誉にはまったく興味のない人だったのです．

ただ，数学者としては非常に優れた成果を残しています．グラフ理論に関する論文も多数発表していて，生涯に約1500本にもおよぶ質の高い論文を発表しています．その中には共著も多く含まれていて，さまざまな分野の仲間を巻き込んで問題を解いたことから，本当に多くの数学者がエルデシュの影響を受けることになりました．

第1章でお話ししたように，数学者は自分の専門を含めて二つくらいの分野しかわからないといいましたが，エルデシュは例外中の例外で，組合せ論や数論のほか，解析，数学基礎論，暗号理論，非ユークリッド幾何学な

ど，非常に多岐にわたる分野に通じていた人でもありました．だからこそ，さまざまな研究者と共同で仕事をすることができたのです．

　さらにエルデシュは，懸賞問題を提供したことでも知られています．問題の難易度に応じて，10ドル，100ドルといった具合に賞金額の設定を変えて出題していましたが，なかでも3000ドル問題というのは，大変な難問で，多くの研究者が挑戦していました．今でも未解決のものがたくさん残されています．そうやって問題を解いて，エルデシュから賞金として授与された小切手は，数学者にとっては勲章みたいなもので，換金せずに大切にとってある人も多いのです．エルデシュというのは，ある意味，数学大使のような活躍をした人であり，エルデシュのおかげで離散数学は大いに発展することができたといっていいでしょう．

　余談ですが，エルデシュは囲碁が好きだった，という話を聞いたことがあります．囲碁も，数学的に見ればグラフの一種です．ルールは単純な陣取り合戦なのですが，升目が多いだけに，打つ手の選択肢が多く，大変難しいゲームだといいます．プロですら，ある局面をパッと見て，どちらの形勢が有利か判断できないほどだという．当然，コンピューターに打たせたところで，初級者レベルの人に勝つのも難しいようです．オセロやチェスは，すでにコンピューターが人間のチャンピオンを負かしていますし，将棋のソフトもいい線いっているのですが，囲碁の場合は，この先も当分の間，コンピューター

が人間に勝つことはできないでしょう．だからこそ，エルデシュは囲碁に惹かれたのかもしれません．

クイズ8：囲碁ソフト

なぜオセロソフトは人間より強く，囲碁ソフトはそこまで達しないのか．

8. ハリウッド版のスモール・ワールド現象,「ベーコン・ナンバー」

もう一つ，スモール・ワールド現象を語る上で忘れてはならないのが，「ベーコン・ナンバー」です．ご存じ，映画『フットルース』で一躍スターになった，あのハリウッドスターのことです．

エルデシュ・ナンバーと同様に，ケヴィン・ベーコンを0として，彼と共演したことのある俳優を1，ベーコン・ナンバー1の俳優と共演したことのある俳優を2，といった具合に，ケヴィン・ベーコンとの共演関係の「距離」を定義しています．

ハリウッドスターなら，ジャック・ニコルソンやアル・パチーノ，トム・クルーズ，ブラッド・ピットなど，有名な俳優がたくさんいるのに，なぜ，ケヴィン・ベーコンなのかと訝る人もいるかもしれません．じつはこの人，脇役や悪役も含めて，あらゆるジャンルの映画に出演しているだけでなく，テレビや監督など，さまざ

まな分野で活躍しているのです．個性派俳優や大物俳優なら，仕事のジャンルを選ぶでしょうし，自分の御用達の取り巻きと一緒に仕事をすることが多く，逆にネットワーク上の中心人物にはなりにくい，ということなのかもしれません．実際に調べてみたところ，ハリウッドに限らず，ほどんとの俳優がベーコン・ナンバー5以下，その大半が3以下だといわれています．この人，どれだけ節操なく仕事をしているのかと，ある意味感心してしまいます．

　このように，スモール・ワールド現象から人間関係を解き明かした場合は，必ずしも一番有名な人物が中心にいるとは限らないということがわかります．ケヴィン・ベーコンの場合は，さまざまな分野の人と仕事をしていて，かつ，仲間内でつるまないというのがスモール・ワールド現象の中心人物になれた理由なのでしょう．日本の場合も，ビートたけしとか明石家さんまとか，冠番組をもっているような超有名人が，かならずしもネットワークの中心にはいるとは限りません．むしろ，映画やテレビドラマで，主演から脇役までさまざまな役を演じている大杉漣などが，ケヴィン・ベーコンに相当するかもしれない．そういう人物を探し当ててみるのも面白いと思います．

　そうしたネットワーク上の中心人物が特定できれば，先の東日本大震災のときのような緊急事態においても，中心人物からソーシャルネットワーク全体にすばやく情報伝達することが可能になるはずです．ソーシャルネッ

トワークの中心人物の特定は，ネットワーク解析における今後の重要な研究課題の一つになっています．

9. ソーシャルネットワークとクラスタリング

エルデシュ・ナンバーやベーコン・ナンバーのように，グラフを使って人間関係の距離をはかることができるように，一般の人でも，FacebookやTwitterなどのソーシャルネットワーク（SNS）から，人間関係の距離をはかることができます．こちらの場合も，その隔たりは7～8人くらいまでがほとんどで，その多くが5人に集中しているといわれています．やはり，一般の人の間でも，スモール・ワールド現象は起こるといえるようです．

さらに，こうした人間関係を「クラスタリング」という手法で見てみることによって，意外な関係性が見えてくることがあります．クラスタリングというと，複数のコンピューターを連携させ，あたかも一つの大きなコンピューターのように利用することをいう場合もありますが，ここでいうクラスタリングとはデータ解析の手法の一つで，先のオムツと缶ビールの関係のように，全体の中の部分のつながり（集合）を見ることで相関関係を見出す手法のことです．実際に，クラスタリングによって密接にかかわっている人同士を抽出し，そこに共通する要素を見出すことによって，データマイニングに結びつけようという研究が盛んに行われています．

たとえば，猫好きな人が見ているブログに，猫のご飯とかオモチャとか，猫のトイレの砂とか，猫関連のグッズの宣伝を載せることができれば，より効果的に広告をすることができます．さらにそのブログを見ている人たちの間に，別の共通項を見出すことができれば，マーケティングなどに役立てることができるでしょう．インターネットの場合，テレビとは違って，能動的にサイトを選んで見ている人が多いので，ピンポイントの広告宣伝などに活用できるとして，この分野の研究が進められているのです．

　このクラスタリングで重要なのは，皆が密接に結ばれているかどうかを見分けることにあります．つまり，双方向できちんと末端まで密につながっている集合を見つけ出すことが大切だということ．Twitterなどで，何十万もフォロワーがついている人がいたとしても，その人が誰もフォローしていなければ一方通行でしかありません．一方で，すべての人が一様につながっているネットワークというのも，抽出する意味がない．その場合は，そのクラスターならではの特徴を見出すのが難しくなるからです．

　そこで，たんにつながりを探すだけでなく，つながりの度合いを数値化して，重りをつけるという方法が使われています．たとえば，毎日サイトを見る人と1週間に1回しかサイトを見ない人との間に差をつけて数値で表し，頻度の高い人に重りをつければ，同じつながりでも，密か，そうでないかがわかります．こうした工夫に

より，つながりの特徴をより詳細に分析できるようになる，というわけです．

また，グラフの中から集合を見つけ出して切り分ける方法の一つに，カットという手法があります．たとえば，一つのグラフを二つの集合に分ける場合．できるだけつながりの少ない場所を選んでカットしなければなりません．要するに，つながってはいるのだけど，あまり重要ではない場所を探して切り分けていくのです．さらに，より強固な結びつきだけを残してどんどん小さく切り分けていき，最終的にカットできなくなったら，その集合を一つのクラスターと見なします．さきほどつながりに重りをつけるといいましたが，それも切り分けるときの一つの指標になります．切ったときの辺の重りの総和を，できるだけ少なくすればいいわけです．

10. 人のつながりが見えると，行動も変わる!?

現状，クラスタリングにより，グラフのつながりや相関を見ることで，どのようなことができるようになるのかは，まだまだ未知数です．まさに今，研究がさかんに行われている分野であり，商業的に使われるようになったのは，ここ数年のこと．これからその成果が生かされていくでしょうし，ある意味，皆，巻き込まれていくことになるのではないでしょうか．

すでに実験的に導入されている事例でユニークなものとしては，職場の人間関係をセンサで検知し，誰と頻繁

にコミュニケーションをとっているのかを可視化する「ビジネス顕微鏡」（日立製作所が開発した名札型端末）という試みがあります．これは，社員証のような形状で首からかけて利用できるセンサーにより，利用者の行動をトレースできるというもの．その結果は，まさにグラフで表されます．頻繁にコミュニケーションをとっている人，1日のうちにまったく話をしない人などが，一目瞭然で示されるのです．この結果を基に，コミュニケーションで疎遠なところがあれば，それを改善するために組織を改変したり，職場のレイアウトに工夫を施すことで，コミュニケーションを促すことができます．このシステムの導入以後，組織内のコミュニケーションが活発になり，売上増につながったという成果も出はじめているようです．

　今後，さらにこうした研究が進めば，SNSのつながりの解析や，ネットワークの障害やコンピューターウイルスの伝搬の仕方，あるいは口コミの広がり方など，さまざまなことが見えるようになって，そうした分析結果が市場の在り方を大きく変えていくことになるでしょう．

　選挙活動などでも，今後，グラフ理論を用いた戦略がベースになっていくかもしれません．実際に，アメリカ大統領選でオバマ氏は，インターネットを駆使して，無党派層の若者から10〜20ドルといった少額の献金を積み上げることに成功し，大統領選を勝ち抜いたといわれています．100ドルを払うとなると，経済的にも心理的

にもハードルが高くなるけれど，20ドル札といえば，日本なら1000円札の感覚です．1回分のランチ代程度なら，皆，気軽に出すことができるでしょう．そして，20ドル払ったのだから応援しよう，となる．オバマ大統領は，そういう末端の群集の心理とネットワークをうまく活用して，若者たちを巻き込み，票を獲得することができたといわれています．

同様に，日本の選挙も変革の時期を迎えているように思います．ただ選挙カーで回って演説するだけでは，無党派層を取り込むことはできません．彼らを取り込むには，今後は，インターネットやSNSを活用するだけでなく，ネットワークの分析と，そこから得られた知見を選挙活動にフィードバックさせていくことが不可欠になってくるのではないでしょうか．

11. オペレーションズ・リサーチという学問

じつは離散数学は，人間関係を解き明かすだけでなく，人間の意思決定や利害関係の解明，心の悩みまで扱うことができるとされています．オペレーションズ・リサーチ（OR）事例をいくつか紹介しましょう．

第1章で，「オペレーションズ・リサーチ」という学問について少し触れました．このORは，さまざまな計画に際して，もっとも効率的になるように決定する科学的な方法を探ることを目的とした学問で，第二次世界大戦と，その後の米ソ冷戦中のヨーロッパで大きく発展を

遂げました．

　研究の発端は，第二次世界大戦中のアメリカ海軍による対潜水艦戦についての研究です．アメリカ海軍は，敵対国の潜水艦を見つけようとし，一方で，敵対国の潜水艦はアメリカ海軍の探知から逃れようとする．それを，いかに合理的に探索するか，というのが研究の始まりでした．

　その後，米ソ冷戦時代にORは大いに発展します．ソ連はモスクワから東ヨーロッパ諸国に物資を効率的に送りたいわけですが，一方のアメリカはなるべく少ない労力で，そのラインを寸断したい．そこで，どういう経路で物資を送ったらいいのか，あるいはどうやって経路を寸断したらいいのかということを，数学的に解いていったわけです．すると面白いことに，結局，いつも互いに同じ場所で鉢合わせしてしまうことに気がついた．つまり，相反する両者の，利益の最大化と損失の最小化が一致するということがわかったのです．これは，「ミニマックス定理」と呼ばれています．

　ちなみに，ORの研究分野としては，先の「巡回セールスマン問題」をはじめ，まさに今，話題となっているエネルギーの需給バランスや乗換案内，待ち行列の計算などの研究が行われていて，さまざまな分野に応用されています．

12. ゲーム理論における「ゼロサムゲーム」

そのORの応用で，より人間くさい研究の分野に，「ゲーム理論」があります．これは，ハンガリーの数学者で，現在のコンピューターの生みの親ともいわれる，ジョン・フォン・ノイマン（1903〜1957）と経済学者オスカー・モルゲンシュテルン（1902〜1977）が1944年に発表した『ゲーム理論と経済行動』によって知られるようになった研究分野です．

ゲームというと，遊びのゲームを思い浮かべる人が多いと思いますが，ここでいうゲームとは，駆け引きとか，どちらを選択したほうが得かとか，どれだけ早くたどりつけるか，といった意味合いです．いうなれば，「ある特定の条件の下で，互いに影響を与え合う複数の主体の間で生じる戦略的な相互関係」を研究する学問．利害が必ずしも一致しない状況における，合理的な意思決定や合理的な分配方法などを探る学問，というわけです．

たとえば，火災が起こって，皆が避難する際に，避難経路として，大きい橋と小さい橋の二つの選択肢があったとします．普通に考えれば，大きい橋のほうが大勢渡れるわけですから，皆，大きい橋に殺到することになるでしょう．ところが，皆が大きい橋のほうを選んでしまったら，大渋滞して，避難どころか，かえって危険な目に遭うことになる．しかも，状況は刻一刻と変わってい

きます．そうやって変わりゆく状況下で，どれだけ早い時間で，どれだけ優れた戦略を立てられるかを数学的に探る．それがゲーム理論のベースにあります．つまりゲーム理論というのは，戦略的に未来の行動を予測したり，過去の行動を客観的に評価したりするのに役立つ考え方なのです．

このとき視点は二つあります．その状況を俯瞰的に見る場合と，避難者（プレイヤー）の立場に立って見る場合です．もし，俯瞰的に，大域的に見ることができれば，刻々と変化していく状況をそれなりに把握できるでしょうし，どちらの橋へ行ったほうがいいかという判断もつきやすいかもしれません．ところが，プレイヤーの立場に立つと，ほかの人がどう動くかわからないし，不確実な状況の中で判断しなければならない，ということになります．

しかも，プレイヤーは，必ず「グリーディ（greedy）」に動く．つまり貪欲に，自らの得になるように動くということです．基本的に，ゲームのプレイヤーたちはグリーディに自分勝手に動くものだというのが，ゲーム理論の前提です．そして，各プレイヤーの行動が，互いの利害に影響することを考慮しなければならない．どちらの橋を渡るべきか考える際に，ほかのプレイヤーが自分の行く手を阻む行動に出るかもしれない，ということをつねに考慮しなければならない，ということです．

実際に，東日本大震災のときもそうでした．公共交通機関がストップしてしまいましたが，多くの人はその場

にとどまらずに自宅まで歩いたり，自動車で帰ろうとして，幹線道路が大渋滞しました．もし，首都直下型地震がきたら，今回のように歩いて帰るということはとうてい不可能ですし，皆が広域避難場所に殺到しても大変なことになってしまうはずです．だからこそ，こういう問題を数学的に解いていくことが重要なのです．

　ゲーム理論が唱えられた当初は，先ほど事例として挙げた安定結婚問題の場合と同じ考え方で，ある時点で，自分の得になるように解決策を探ろうと進められてきました．これを「貪欲法」といいます．これは，ある問題を複数の部分の問題として分けて，それぞれ独立に評価を行って，評価値の高い順に取り込んでいって解を得るというもの．目先の解が最適であればよしとする，というわけです．

　ところが，実際には，それだけではうまくいかないことがたくさんあります．小さい橋のほうがあいていそうだといって，今度は皆が小さい橋に殺到すれば，また避難できなくなってしまうということが生じます．つまり，貪欲法だけで最適解が求められるとは限らないのです．

　そこで，この貪欲法に対して，問題を複数の部分問題に分割していく際に，そこまでに求められている以上の最適解が得られそうにない部分問題は切り捨ててしまうという方法が考えられるようになりました．つまり，途中経過を記録しておいて，次の計算に使い，それ以外のものは捨ててしまおうという方法です．こちらは「動的

計画法」と呼ばれています．とりあえず，できる範囲でしらみ潰し的に調べるのだけれど，すべてを調べ上げることはできないので，ある範囲までと決めて調べるわけです．そうすることによって計算量を減らすことができ，先にお話しした多項式時間での解法が存在しないとされる問題に対して，そこそこいい解を出すことができるのです．

　いずれにしても，時々刻々と変化する事象を計算するのはすごく難しい．そこで，現象に関わっている要素の数を減らし，できるだけ計算しやすいモデルにすることが求めらます．たとえば，何か二つくらいの事象で相関があれば，その項は一まとめにしてしまうことができるかもしれません．そのような見極めこそ，数学者のセンスが問われることになるのです．

　前置きが長くなってしまいましたが，ここでノイマンたちが扱ったのは，プレイヤーの利益と損益が相殺されて，結局は互いにゼロになってしまうという「ゼロサムゲーム」でした．彼らは，このゼロサムゲームに関しては，先に触れた「ミニマックス戦略」をとるのが，もっとも合理的だと証明しています．これは，想定される最大の損害が最小になるようにする戦略のこと．勝とうとするよりも，まずは負けないようにする，という戦略です．

　たとえば，外交や安全保障などでも，そのようなことがよく見られます．戦争や紛争を回避するために，当事者同士が痛み分けることで解決に導くというのも，ある

意味，ミニマックス定理に当てはまる現象だと思います．もちろん，現実は，数学だけで予測できるほど単純ではありませんが，政治や外交の最適解すらも，離散数学で見出せる可能性があるということなのです．

--- Column 7　ジョン・フォン・ノイマン ---

ハンガリー出身のアメリカ人であるジョン・フォン・ノイマンは，数学，物理，工学，計算機科学，経済学，気象学，心理学，政治学など，非常に幅広い分野に多大な影響を与えた20世紀最大の数学者の一人です．

フォン・ノイマン
（PPS通信社）

1930年に，ノイマン一家はアメリカに移住することになり，33年ごろからノイマンはプリンストン高等研究所の所員としてアインシュタインらとともに研究をしていました．第二次世界大戦中は，原子力爆弾開発プロジェクト「マンハッタン計画」に参加し，その後の核開発にも関与しました．

幼少期から神童ぶりを発揮し，6歳で7〜8桁の掛け算ができ，8歳で微分法をマスターし，12歳のころには『関数論』を読破し，三つの大学に同時に在籍して，23歳で数学，物理，化学の博士号を取得．読んだ本を一字一句間違えずに暗唱できたとか，運転しながら本を読んだとか，人間離れした計算速度を誇ったとか，天才の逸話には事欠きませ

ん．ただし，体育や音楽は苦手だったようです．

　ノイマンはコンピューターの父ともいわれ，アラン・チューリングやクロード・シャノンらとともに，現在のコンピューターの基礎を築いた人物でもあります．現在のコンピューターは「ノイマン型コンピューター」と呼ばれるもので，「演算」「主記憶」「入出力」「制御」の四つの部分から成り立ちます．「主記憶」に格納されたプログラム（ソフトウェア）に従って，これを順番に読み込んで実行し，解を導き出すというものです．1946年にノイマンはこうした仕組みをもつコンピューターを提案し，1949年には世界最初のノイマン型コンピューター「EDSAC」がイギリスで開発されました．

　それまでのコンピューターはハードにプログラムが組み込まれていましたが，プログラムを独立させ，汎用ハードウェアで実行させるという画期的な方法により，コンピューター開発が一気に進むことになるのです．ただしこの方式は，ジョン・エッカートとジョン・モークリーという共同研究者の功績によるところも多く，ノイマンの名だけで論文を発表したことにより，後に禍根を残すことになりました．

13. 黙秘か自白か,「囚人のジレンマ」

ノイマンらが提唱したゲーム理論は,その後,大いに発展することになります.その発展に貢献した一人が,1994年のノーベル経済学賞を受賞した,ゲーム理論研究者のアメリカの数学者,ジョン・フォーブス・ナッシュ（1928〜）です.ナッシュの仕事としては「ナッシュ均衡」の理論が有名ですが,その代表的な事例に「囚人のジレンマ」という話があります.

こちらは,先ほどのゼロサムゲームではなく,非ゼロサムゲームと呼ばれるもの.つまり,プレイヤーの損得の合計がゼロではないゲームのことをいいます.具体的に説明しましょう.

強盗の罪を犯した二人の容疑者が捕まって,警察で取り調べを受けています.取調官は,容疑者を別々の独房に入れて,それぞれに次のような条件を伝えました.

「もし,二人とも黙秘を続けるのなら,証拠不十分のため,不法侵入と銃の不法所持の罪に問われ,ともに1年の罪になるだろう.もし,二人とも罪を認めて自白するなら,どちらも5年の刑となる.しかし,もし,おまえだけが正直に自白した場合は,捜査に協力したとして無罪放免にしてやろう.ただしその場合は,黙秘した相棒は10年の刑とする」

容疑者たちは,別々の部屋で取り調べを受けているので,相棒がどういう証言するかわかりません.互いに黙

秘を続ければ1年の刑期ですむけれど，もし相棒が裏切って，先に自白してしまったら，自分は10年の刑に処せられてしまいます．さて，どうするのがいいのでしょう？

　10年の刑を避けようと思ったら，自白してしまうのがいいようにも思えるかもしれません．万一，相棒が自白しなければ，無罪放免になる可能性があります．ところが，相手もそろって黙秘を続ければ，1年の刑ですむと考えると悩んでしまいます．

　そう，ここで容疑者たちは深刻なジレンマに陥ってしまうのです．そして結局，二人とも自白して，どちらも5年の刑に処せられてしまう．互いに黙秘を続けるほうがベストな選択にも関わらず，相手が自白すれば10年の刑に処せられてしまうので，自白せずにはいられないのです．最悪の結果は避けられたものの，最善の結果とはならないところが，この話の面白いところです．

　そして，このように各プレイヤーが，相手の選択にかかわらず，自分が損をしないような行動をとろうとするときに生じる状態を，「ナッシュ均衡」といいます．ナッシュ均衡下では，プレイヤーは自らの利益を最大化する行動を選択しているので，自分だけが行動を変えても，現状よりも得をすることはありません．つまり，行動を変えられないのです．さらに，自らの利益を最大にしようと行動した結果にもかかわらず，両方の利益が最大化されない状況に陥ることがある，というわけです．

　これは，人間の心理の問題ですが，じつはどれだけの

確率で相手が話してしまうか，という，確率の問題でもあります．結局，1年か10年を選ぶよりも，5年を選ぶ確率のほうが高いことから，結果として5年を選んでしまう，ということなのです．要するに，全員の損を最小にとった結果ということになります．

　一方で，互いに黙秘をして1年の刑期となるのが，全員にとっての得なわけですが，そのような状態を，「パレート最適」と呼びます．イタリアの経済学者であり，社会学者でもあるヴィルフレド・パレート（1848～1923）が提唱した概念で，「資源分配を行う際に，誰かの効用（満足）を犠牲にしなければ，もう一方の効用を上げられない状態のこと」をいいます．もちろん，誰か一人だけがドーンと損をして，あとの皆は助かるという方法もあり得るのですが……．

　あるいは，「繰り返し囚人のジレンマ」といって，同じような状況が繰り返される場合は，互いに協調することもあれば，裏切ることもある，あるいは最初は協調しておいて，あとからしっぺ返しをする，といった戦略をとることもできる．

　数学では予想もしなかったような，さまざまなことが起こるのも，また現実ということでしょう．

第4章

深淵なる離散数学の世界

1. お掃除ロボット「ルンバ」と平面グラフ

　ここまで，離散数学とその周辺の学問と現実世界の結び付きについて，いろいろとお話をしてきました．次に，僕自身の研究について少し触れたいと思います．

　僕の研究分野は，カーナビや四色定理と同様で，グラフ理論の中の平面グラフの応用になります．本来，平面グラフの対象というのは，まったくの平面なのですが，僕の場合は，平面に近いけれど，平面とは少し違う要素を入れ込んで研究をしています．たとえば，第3章で紹介したカーナビの道路網のように，基本は平面でも，高架や地下があるようなネットワークのグラフを解析する，というような研究をしています．また，その平面グラフの着色，まさに四色定理のように，色を塗る研究も手掛けています．

　そうした中，最近，僕が研究をしてみたいと思っているのが，意外に思われるかもしれませんが，お掃除ロボット「ルンバ」の動きです．ご存じの方もいらっしゃると思いますが，ルンバとは円形の掃除機で，くるくる回りながら，部屋の床を掃除してくれるロボットのこと．実際にテレビCMなどで見た方もいらっしゃると思いますが，このロボットの基本的な動きというのは，まっすぐに動いていって，障害物があれば，左右のどちらかに方向転換するというものです．それを少しずつずらしながら動いていき，掃除をします．

あのルンバの動きを数学的に解けないかと，と考えているわけです．ルンバの動きというのは，連続的に動いていますが，いつか終わるので有限で，まさに離散的なものといえます．そして，どういう家具の配置だと掃除ができなくなるのか，逆に，どういう配置だったらうまくいくのかということを，数学的に解いてみたい．ルンバの動きを研究することで，さまざまな分野に応用できるのではないかと考えています．

　実際のところは，ルンバの具体的な仕組みまではわかりませんが，ルンバには学習機能が備わっているようです．どれだけ移動して，どこで左右に曲がったのか，何回くらい曲がったのか，どれくらい埃を吸い取ったのか，という単純な情報を覚えているのです．ルンバが突然，あらぬ方向に動き出すように感じることがありますが，あれはランダムな動きの中から，どれが一番最適かを調べているためです．これは最初のうちだけで，ある程度把握したら学習した動きしかしなくなるので，障害物があった角や，掃除がうまくできなかった場所には二度と行かなくなってしまうこともあります．このようにどうしても死角が出てくる可能性があるのです．

　もっとも学習といっても，地図を覚えたり，まわりの景色を覚えたりという，すごく高度なことをやっているわけではありません．ただ単に，最初の15～30分くらいの間に部屋の形状を把握するのに費やし，どのパターンがよかったのかという解析だけを保持しているのです．

第4章　深淵なる離散数学の世界

ちなみに，ロボットにとって難しいのは，ローカルチェンジです．ちょっとやり方を変えることでよくなることがあったとしても，連続した動きの中で，その「ちょっと」を判断するというのは，コンピューターにはなかなかできません．

　たとえば子供なら，遊びの中で，何度も転んで，痛い思いをすることで，いろいろ覚えることができるでしょう．何度もトライしてみて，正解にたどりつくという意味では，一見，ロボットの機械学習に似ていなくもない．ただ，子供の場合は，条件が変わったとしても，正解にたどりつくようにローカルチェンジができる点が違います．ロボットにはそれができない．買い物に行く際に，人間ならスーパーと郵便局に行く順序を入れ替えることは容易ですが，ロボットにとって順序が変わるということは，すべての世界が変わってしまうことに等しいのです．

2. 皇居はドーナツの穴？

　平面グラフに穴をあけたらどうなるか，というのも大きなテーマの一つです．たとえば，ルンバでいえば，床に家具や椅子が置いてあるような状況を思い描いてください．ルンバにとっては，椅子の脚や家具をよけながら，部屋の隅々までくまなく掃除をするのは大変ですが，この最適解を数学的に見つけるのは，じつはかなり難しい問題になります．

たとえば，椅子の脚はたいてい4本ですが，その4本の間を，どこから入って，どうやって出るかと考えたりするわけです．それをさらに突き詰めていって，椅子の脚がたとえば100本あったとしたらどうなるか，と考える．そうなると，経路が増えて，計算量がぐっと増えて複雑になります．このように，平面に穴をあけただけで，簡単には解けない問題になってしまい，逆に数学的には解き甲斐のある問題になる，ということなのです．

　平面というのは，トポロジー的にいえば，球と同じで，いうなれば，地球儀と地図の関係にあります．地球儀上にある地図をはがすと1枚の地図にできるように，それは同相となる．ところが，ドーナツみたいに穴があいていれば，違うものになってしまう．そこが難しい点です．

　逆に，ドーナツをどう切れば，穴がなくなるかといえば，ドーナツの穴に沿って切らざるを得ません．一筆書きと同じで，穴があかないようにドーナツを切るには，穴に沿うような形で切るしかない．ドーナツだったら，私たちは外から見て，どう切ればいいかわかりますが，ドーナツにたかる蟻は，どうやって通っていけばいいのか，容易には見当がつきません．数学の世界では，ドーナツの穴をなくす切り方と，穴を残したままの切り方というのは違うものとして扱われていて，それを見つける作業というのはそれほど簡単ではないのです．

　どうしてそのような研究をしているのだろうと思われるかもしれませんが，こうした研究は意外にいろいろな

分野に役立てられています．たとえば，交通網はその最たるものです．東京の地図も，よく見てみると，じつはドーナツに似ています．東京の中心には皇居があるでしょう？皇居を横切ることは絶対にできないので，皇居というのは，まさに平面グラフでいうところの穴に相当します．他の場所でも，大きい公園や湖などがあれば，同様に穴と見なすことができます．

　そうして考えると，さきほどのドーナツを切る切り方というのは，ある意味，皇居を1周することに近いといえる．1周することで，皇居の存在がどこにあるのかを示すことにもなる，というわけです．

3. コンピューターにわかる言葉に翻訳することの難しさ

　しかし，皇居を横切らずに通行するといった，一見，まったく数学的ではない事柄を数学的な表現に置き換えて示すというのは，とても困難なことです．ここでは，皇居を1周する場合と，近所をぐるりと1周する場合を同一視してはいけないわけですが，その違いを数学的に定義するにはどうしたらいいのか，というのはとても難しいことです．あるいは，皇居をつねに右に見ながら走らなければならない，つまり，時計回りに走らなければならないとき，それをどう数学的に表すのかというのも，じつに難しい．

　このように，人間にとっては当たり前のことこそ，コ

ンピューターに教え込ませるのは厄介です．たとえば，私たちは新幹線に乗って東京から京都へ向かうときに，進行方向に向かって左手に必ず海が存在することを知っていますが，コンピューターにはそれは判別できません．海も富士山も，右も左も，コンピューターにはわからない．それをコンピューターが理解できるように，0/1 の世界の言葉に変換して，表現してやらなければならないというのは至難の業なのです．

しかも，現実の世界では，周波数の割り当てにしても数に限りがあるし，野球の対戦スケジュールにしても，ホームとアウェイの数のバランスをとらないといけないし，そういったさまざまな条件が加わってきます．そういう制約がある中で，問題を定義し，数学的に解くにはどうしたらいいのか，数学者が一番頭を悩ませるところです．

たとえば，コンピューターに左手に海があることをどうやって教えればいいのかと考えるとき，数学者が一番やってはいけないのは，座標を使って，街の配置を教え込ませる方法です．そんなことをしたら，データ量がものすごく大きくなって，計算できる範囲を超えて，とたんにコンピューターが動かなくなってしまいます．

解決策の一つとしては，どこに接しているのかという情報だけを保持させるという方法があります．ただしその場合も問題があって，同じようにプログラムしたつもりなのに，同じ地図にはならないことがあるのです．

たとえば，図表15のような単純な地図があったとし

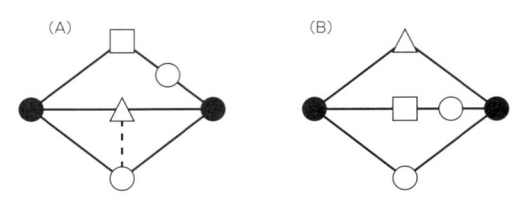

図表 15　フリップの生じた事例

ます．同じ情報を与えられたはずなのに A と B では違うものになってしまう．これは，ホイットニーの定理というものです．

　問題なのは，この 2 点（□△）がひっくり返ってしまうことにあります．この 2 点（●）を固定してやると，この二つ（△□）がひっくり返る．このひっくり返りを許さないためには，単純に，線を 1 本足せばいい（波線部分）．1 本足すことで，ひっくり返りが起こらなくなります．このひっくり返りという概念を，数学的には「フリップ（flip）」といいます．コイントスのフリップと同じ．フリップが起こるのは，2 点でくっついているときだけです．逆に，内側に入ったり，外側に入るのは，1 点でくっついているところでしか起こりません．つまり，きちんと条件を与えなければ，誰が書いても同じ地図にはならないのです．

4. 数学での証明が 100％の保証になる

　必要なのはユニークさ，一意性です．それがあれば，

誰が書いても同じ地図になる．これこそが，じつはとても重要なことです．誰がやっても，必ず同じように描けるというのは，数学的な定理なくしては実現できません．数学的な定理があってはじめて，私たちはコンピューターに地図を描かせることが可能になる．あとは，コンピューターには，ここに気をつけて書いてねと，いくつかの条件を教えればいいだけなのです．

ただし，コンピューターには不得意なことがあるので，その部分は人間が頭を使って補ってあげなくてはなりません．逆にいえば，難しい問題は人間がうんうん頭を捻って，紙の上で考えればいいのです．あとは，人間ではとうていできないような膨大な量の計算をコンピューターにやってもらえばいい．正しいやり方がわかれば，コンピューターは絶対に計算ミスをすることがないので，大いに信頼できます．もし，正しくない答えが出たとしたら，それはもう完全に人間のせいです．逆にいえば，人間が知恵を絞ることで，どんな複雑な地図も，0/1で描くことが可能になるのです．

しかも，0/1情報だけで描かれた図というのは，他のどのコンピューターで描いても，基本的には同じになります．これこそが，コンピューターのもっとも優れたところです．人間が証明し，コンピューターに描けと命令するだけで，すべてのコンピューターが同じものを描いてくれるようになれば，安心して任せることができます．

こうした取組みは，現在，コンピューター・プログラ

第4章 深淵なる離散数学の世界　123

ムのバグを減らす際にも使われ始めています．プログラマーが，自分ではこの一通りしかないと思ってプログラムを組んだつもりでも，じつはそうではなかったという場合はよくあります．それが原因で，のちに甚大なシステムトラブルが生じたなどということも，過去に何度もあります．それはコンピューター自身には制御できることではありません．だからこそ，数学者が，命令したら一通りしか答えが出ないようにする方法を見つけなければならないのです．そして，いったん数学的に証明されれば，それは100％の保証になる．こんな心強いことはないでしょう．

　今後，どれほどコンピューターが進化したとしても，基本的にコンピューターの役割は変わらないと思います．ただ計算が速くなって，扱えるデータ量が増えるだけです．今後，コンピューターに代わるような道具が開発されるとも考えにくい．0/1のデジタルの世界というのは，融通は利かないものの，誰もが同じ情報をもつことができるという意味で，とても優れた仕組みだからです．扱えるデータ量が増えることで，正解にたどりつく時間は速くなるとは思いますが，一方で，データの数も指数関数的に増えているので，いつまでたってもいたちごっこということになるかもしれません．

　もっとも，計算がますます速くなっていけば，コンピューターに地図を描かせる場合，座標の情報や画像情報を入れ込むこともできるかもしれない．とはいえ現状はまだまだ無理ですし，もっと数学者が頭を捻って考える

必要があると思っています.

　一方で,現代社会の難問が,すべて数学で解けるというわけではありません.

　たとえば,宅配業者のドライバーの場合.昼食をとるにしても,トイレ休憩を入れるにしても,このラーメン屋に寄りたいとか,ここのきれいなトイレを使いたいとか,それぞれの要望があります.数学を使うと,そのようなことまで,細かく条件として入れ込んでいくのがとても難しいのです.宅配業者のスケジューリングなどは,すでにかなり効率化されていて,数学的に解いたところで,たいして差が出ない,ということもあります.これからはむしろ,どのような問題だったら数学的に解くことができるのか,新しい分野を切り開くことも考えていかなければならないと思っています.

　今後はますます,巨大な情報をもつ「ビッグデータ」を扱うことが求められていくでしょうし,解決しなければならない問題はいくらでも出てくるでしょう.現状は,コンピューターのスペックをよくすることで,できるだけ速く処理しようとしていますが,それではすぐに限界がきてしまう.やはり,理論の力で,前処理をして,計算を速くしていくということが絶対に必要になってくるはずです.

　しかも,ビッグデータにはいろいろな種類があり,さまざまな条件を入れ込んでいくと,もう無限に近いデータになって,どうにも手に負えないように思えるものも多い.そういう難問こそ,数学的に扱いやすい対象に変

換してやる作業が欠かせないと思っています。

5. 数学者として求められるセンス

しかしながら、現実の問題の中には、解決が待たれているにもかかわらず、どうにも手に負えないようなものも存在します。そういう問題を目の前にして、途方に暮れてしまうこともあります。

その場合、僕はまず、その問題がグラフなり平面に落とせるかどうか、ということを考えるようにしています。その上で、どういう問題を解けばいいのか、どうしたら解けるのか、どういう土俵で解くのかということを考える。ここが一番肝心なところです。現実に与えられた問題をどのようにモデル化し、数学の問題に変換するのか、そこにはひらめきが必要になります。

しかも、モデル化自体はできたとしても、求められているのは、皆にわかりやすく解きやすいモデルです。いらない情報をすべて削って、わかりやすいモデルにすることができれば、解くこと自体が簡単になるからです。ところが、そのようなアルゴリズムというのは、なぜそれによって正解が導き出されるのか、理解するのが難しい。つまり、一見簡単なのに、実は奥深いというのが、優れたモデルということになります。そのようなアルゴリズムをつくれるかどうかというところに、数学のセンスが問われるわけです。

一方で、たいていの現実の問題は、完璧に解くという

ことはできないことがほとんどです．多くの問題が，カーナビの場合と同じで，厳密な正解を導き出すことはできません．そこで，今度はそこそこの近似の答えを速く出せるように考える．そこは，厳密解を求める数学者としてはジレンマもあります．現実の問題を解くには，近似解を速く求めることがもっとも重要ですが，数学者としては絶対の正しい答えを導き出したいという信念もある．現実の問題を扱う際には，そのジレンマと闘いつつ，バランス感覚をもって，知っている知識や経験を総動員して，最適な答えを導いていくしかありません．

そういう意味では，ここでいう数学的センスというのは，必ずしも数学者なら誰でももっている感覚ではないのかもしれません．数学の知識は必要ですが，数学を学んだからといって，かならずしも，このようなセンスが鍛えられるわけではないのです．数学者というのは，どちらかというと，難しくて抽象的な問題を数学的に解くということに注力していて，現実の複雑で難しい問題を，数学の土俵に落とし込んで，さらにそれを解きやすい簡単な問題にするということを考えている人は少ないからです．とくに，そのような側面こそ，日本の数学者に欠けている要素といえるかもしれません．でも，このセンスこそが，これからの数学者に求められる，一番重要な能力だと僕は思っています．

もっとも，僕も抽象的で数学者にしかわからないような難問を解くことは好きだし，実際に挑戦もしていて，そのような世界で本質的な貢献をしたい，という気持ち

第4章　深淵なる離散数学の世界　127

はあります．一方で，現実世界ともつながっていたい．現に，離散数学が解決できそうな社会の問題は，無数に出てきています．にもかかわらず，このような現実世界を扱う数学者の数が日本では圧倒的に少ない．一般の現象をモデル化し，数式や数学の定式に置き換える訓練こそが，これからの日本の数学教育に必要なのだと思います．

　このような意味で，今ほど，数学者が求められている時代はないでしょう．社会の問題を，数学の問題に変換する役割を担うのは，数学者をおいてほかにないからです．その一端を，ぜひ自分も担いたいという思いで，日々，研究に取り組んでいるところです．

クイズ9：キャンプの荷物をどう分ける？

1. 5家族（A〜E家）が，5台の車でキャンプに行くとする．それぞれ共用荷物用にとれるスペースは，A家が100 kg，B家が50 kg，C家が75 kg，D家が85 kg，E家が110 kgとする．また，必須の共用荷物の重量は15 kg，30 kg，45 kg，25 kg，10 kg，5 kg，40 kg，20 kg，35 kg．あればよい荷物の重量が25 kg，30 kg，10 kg，40 kg，60 kg，15 kgとする．あなたならばどのように分けるか．

2. もし，あったほうがよい荷物の重量が25 kg，50 kg，35 kg，45 kg，10 kg，65 kg，20 kgだったとしたらどうか．

第 5 章

計算もプログラミングも
嫌いだから数学者になった!?

1. 0/1の世界をつくったクロード・シャノン

――ここまで，離散数学にまつわる話をうかがってきて，数学に対する見方が大きく変わりました．離散数学が私たちの暮らしと密接に結び付いていることを知って驚いたし，今後ますますその結び付きが強くなっていくだろうということが実感できました．

ところで，河原林先生が尊敬する数学者はどなたですか？

たくさんいますけど，一番尊敬しているのは，アメリカの数学者であり，電気工学者であったクロード・シャノン（1916～2001）です．この人の最大の功績は，アメリカのベル研究所に在籍していた1948年に，「通信の数学的理論」という論文を発表して，それまで曖昧だった情報の概念について，数量的に扱えるようにしたことにあります．つまり，情報理論の基礎を確立した，いわば情報理論の父といっていい．ある意味，現在の情報化社会にもっとも影響を与えた科学者の一人といえるでしょう．

――**そんな偉大な人なのに……，初めてお聞きするお名前です．**

コンピューターのスペックなどを表現するのに，32ビットとか，64ビットとか，"ビット"という言葉が使われているのを見たことがあると思いますが，このビットという言葉を定義したのがシャノンなんですよ．

ビットというのは英語のbinary digit（2進数字）の

略で，コンピューターが扱う情報の最小単位のこと．これをビット (bit) と縮めて名付けたのは，シャノンの同僚のジョン・テューキー (1915〜2000) という人です．

1ビットを用いて，2通りの状態が表現できます．二つの状態とは，0か1のどちらかということ．

シャノン
（PPS通信社）

だから，2ビットなら0/1と0/1の組合せなので2×2，3ビットなら2×2×2となる．つまり，ビットは2をかける回数と同じであり，以前にもお話ししたようにlogで表現することができます．たとえば，5ビットなら2を5回かけるので$5 = \log_2 32$となって，32通りの組合せについて，すべて0か1かで表すことができるわけですね．アルファベット26文字を表すのであれば，5ビットあれば十分ということになります．

たとえば，コンピューターで文字や記号を扱うとき，それらはすべて数字に置き換えて処理します．コンピューターでもっともよく使われているASCII（American Standard Code for Information Interchange＝アスキー．現代英語やラテン文字を中心とした文字コード）の場合は，7桁の2進数（10進数なら0〜127），つまり7ビットを用います．ちなみに，128文字のうち，94文字がアルファベット・数字・記号などで，残り34文字が空白文字と制御記号になっています．実際には，エラーチェック用に1ビットを割り当てるため，8ビットを採

用しています．つまり，8ビットあれば，文字や記号，数字が判定できるというわけです．

このように，シャノンが情報を2進法の0/1の組合せで表現できることを発見したからこそ，我々は今，こうしてコンピューターを自在に操れるようになったといっていい．人間が慣れているのは10進法か，時間を表すのに使う60進法か，あるいは1日を表すのに使う24進法ですよね．それを単純な2進法で表現したところが，シャノンのすごいところだと思います．

——なぜ，シャノンは2進法を採用したのでしょうか？

シャノンは，ビットという概念を定義づける以前に，数学の論理式がすべて2進法で表現できることに気づいていたからです．1937年に発表されたシャノンの博士論文，「リレーとスイッチ回路の記号論的解析」が有名です．これは，電気回路のスイッチのオン/オフを，記号理論の真/偽に対応させると，スイッチの直列接続はANDに，並列接続はORに対応することを示したもの．これにより，あらゆる論理演算が2進法で実行できることを証明したのです．この論文は大変な反響を呼び，以後，コンピューターに2進法が採用されることになりました．

膨大な情報を扱うのは容易ではないけれど，0/1に対応させればlogの計算ですむということに気づいたというところがシャノンの偉大なところだと思います．logの計算なら単純に扱うことができます．ある意味，コロンブスの卵的な発想といってもいいでしょう．シャノン

の功績により，今やコンピューターはすべて 0/1 で処理されるようになり，現在のように高速に計算できるようになったというわけです．

当然のことながら，この 0/1 の発想により，現在では文字だけでなく，コンピューターで画像や音楽まで扱えるようになり，インターネットやマルチメディアを活用することができるようになりました．まさか，音楽を 0/1 で表すことができるようになるとは，以前は誰も思いつきもしなかったでしょう．それが今や当たり前になった．物事を単純に定式化し，現実の問題を解決したシャノンは，まさに僕が目指す数学者の理想の姿といえます．

2．AI 研究にも影響を与えたシャノン

さらにシャノンは，エントロピーを用いた情報量の計算や，「情報源符号化定理」，「標本化定理」など，現在の情報通信に欠かせない基礎的な概念を構築しました．また，「チェスのためのコンピューター・プログラミング」や人類初の学習機械である「迷路問題を解くネズミのロボット」の研究に従事するなど，のちの AI につながる研究も手掛けました．

ちなみに，AI の父と呼ばれるジョン・マッカーシー（1927〜2011）とマービン・ミンスキー（1927〜）は，1950 年代にシャノンの下で一緒に研究をしていたことがあるのです．その研究をまとめたのが，1956 年にプ

リンストン大学から出版された論文集『オートマトン研究』です．

　オートマトンというのは，「自動人形」と訳されます．古くは人や動物の動きを真似する装置のことを表しましたが，現在では，入力に対して内部の状態に応じた処理を行った結果を出力する，仮想的な自動機械を表す言葉として用いられています．

　たとえば，携帯電話のキーボードというのは12個しかありません．でも，その12個のキーボードで数字だけでなく，言葉や絵文字なども入力できる．私たちはこれを当たり前のように使っていますが，じつはすごいことだと思います．一つのキーが必ずしも一つの情報に対応しているわけではなく，文脈によって入力された内容が変化し，結果としてなんらかの情報を出力しているわけですから．それこそがAIが目指す「オートマトン」の姿なんですね．シャノンは，そのことにいち早く気づいていたわけです．

――考えたこともなかったのですが，確かに，わずか12個のキーで自在に情報のやり取りができる，というのはすごいことなんですね．

　このオートマトンの考え方は，現在，さまざまなところで使われています．その一つが，コンピューターのCPUの割り当てとか，インターネットの土台となったタイム・シェアリングといった考え方です．たとえば，パソコンでは同時にいろんなことができる．メールを送受信したり，インターネットのサイトを見たり，Word

で文章をつくったり，Excel で表をつくったり——．文章を書いている途中に，インターネットで何か調べる，なんてことはしょっちゅうでしょう？ そういうタスクの割り込みに対して，CPU を割り当てることで同時に処理ができるというのも，シャノンらが提唱したオートマトンの考え方がベースになっているのです．

——シャノンが活躍したころは，まだコンピューターの揺籃期にあって，のちにこんな時代がやってくるなんて想像もつかなかったわけですよね．シャノンはそれを予見していたのでしょうか？

予見していたかどうかはわかりませんが，今，こうして私たちが当たり前のようにコンピューターを使っている現状を見ると，あたかも未来を見通していたように感じてしまいますよね．シャノンがいなければ，もしかしたら今でも私たちは，文字は文字で，数字は数字で，画像は画像で，音は音で，そのまま送っていたかもしれない．それらをすべて 0/1 に置き換えることが可能であることをシャノンが発見していなければ，現在の情報化社会の有り様は今とは少し違っていたかもしれません．

——シャノンとほぼ同時期に，チューリングがチューリングマシンを提唱しました．二人は面識があったのですか？

ええ，チューリングは，1941 年にベル研究所が開発した，数字で音声を符号化して送信する「X システム」に関して，英米間で行われた通信実験の評価をするために，1942 年ベル研究所を訪れたことがあるようです．チューリングは当時，要人が利用する無線の音声通信の

暗号化に携わっていて，ベル研究所の技術でそれが可能かどうか，偵察にやってきたのです．二人はすぐに意気投合して，Xシステムの改善点を洗い出し，意見を交換し合ったようです．互いに大いに影響を受け合ったのではないでしょうか．

ちなみに，シャノンは戦時中，飛行物体の経路を予測する研究をしていたといいます．実際にシャノンが開発した予測装置は実戦で用いられ，砲弾の命中精度を格段に向上させ，連合軍の勝利に貢献しました．

——天才的な数学者の宿命というべきか，チューリングにしろシャノンにしろノイマンにしろ，やはり戦争にその頭脳が重用されたわけですね．

ええ，そういう時代に生きた天才たちは，どういう形にしろ，戦争と深く関わっていますね．

シャノンは84歳まで生きたのに，研究者としてのキャリアは非常に短い人でした．1966年にアメリカ科学大賞を受賞して以来，講義も行わなくなってしまった．本当にいい仕事をしたのは1940〜50年代くらいまででしょうか．晩年はアルツハイマー病を患っていたようです．やはりとても変わった人で，一輪車を乗り回していたという話を聞いたことがあります．

ちなみに，シャノンは1985年に，第1回の京都賞（京セラ創業者の稲盛和夫が設立．1984年から始まった国際賞．賞金5000万円）の受賞者です．その偉大なる功績を思えば，当然のことですね．

3. 計算もプログラミングも大嫌い

――河原林先生は，小さいころから数学が得意だったのでしょうね？

数学は嫌いではなかったのは確かですが，すごく得意だったというわけでもなかったように思います．といっても，あまり勉強した記憶はないから，やらなくても苦労せずになんとなくできた，という感じだったのかもしれませんね．

はっきりと覚えているのは，国語が苦手だったことです．自分で論理立てて考えるのは好きでしたが，他人の書いた文章から何かを感じとることが，何か考えを押し付けられるように感じて嫌だったように思います．

――数学者でも論文は書かなくてはいけないですよね？

いや，論文を書くのはまた全然別の能力だと思いますよ．もちろん論文はほとんど英語で書くというのもありますが，論文ならではのプロフェッショナルな書き方というのがあるのです．それは，国語の読解力とはまた別のスキルですね．

じつをいうと，中高で数学につまずいたことはなかったけれど，計算ミスがひどかった．とにかくケアレスミスが多かったのです．今でも足し算・引き算なら普通の人よりは早いかもしれないけれど，微分や積分なんて，数学者にしてはずいぶん遅いと思います．

――計算が苦手だなんて，なんだかとても意外です．

まぁ，計算が遅いなんて自慢できることではありませんが，数学において計算自体は本質的なことではないですからね．むしろ数学的な思考とか，考え方を身につけることのほうが意味があると思う．だから，計算ミスで多少点数が下がっても，まったく気にしていませんでした．今から思えば，それは正しい姿勢だったと思います．計算にこだわらずに，本質を見る目を養うことができましたから．計算なら誰でもできる，というふうに捉えて，苦手意識をもたなかったのがよかったのかな，と思って．って，ちょっと言い訳みたいですけどね……（笑）．

　計算もそうなのですが，コンピューター・サイエンスに携わっていながら，僕はプログラミングが大嫌いなんです．だから今でも，プログラミングには手を染めていません．

――それも意外です．国立情報学研究所に在籍しているのに……．

　プログラミングって，忍耐強くないとできないでしょう？　ちょっとしたミスでも動かなくなるので，僕みたいにケアレスミスが多い人間には不向きななんだと思います．わずかなミスで，3時間も4時間も延々と原因を考え込まなくちゃいけないなんて，すごく頭にくる．

――数学そのものが，忍耐強くないとできないような気もするのですが……．

　まぁそうなんですが，忍耐強さの種類が違うというか……．僕はどちらかというと，右脳派というのか，問題

のイメージを思い浮かべてから解くタイプなんですね．問題が与えられたら，トポロジー的な図のイメージを浮かべてから解き始める．きっちりと筋道立てて，計算ずくで詰めていくというタイプとは違うんだと思います．だから，解析は苦手．式がたくさん出てくる数学は好きではないんです．解析や代数も，もう少しきちんとやっておくべきだったな，と反省していますが，今さらですね．

4. 数学者は若くないとダメ!?

——いつごろから数学者になろうと思うようになったのですか？

大学 4 年くらいから意識し始めた感じでしょうか．僕が学生のころは，ちょうどコンピューターが一気に発展する時期と重なっています．当時は Windows 3.1 とか，Internet Explorer が出始めたばかりのころだったと思います．ご存じのようにコンピューターのスペックが進展するスピードというのは，3～5 年で 10 倍になるほどの勢いで，一方で，扱わなければならないデータの量もどんどん増えていきました．ちょうどそういうニーズがあった時期と重なったことから，これから伸びていくであろう離散数学の分野に自然と興味をもつようになったように思います．

で，大学 4 年くらいからグラフに関する論文を読み始めて，何が重要な問題なのか，どういう難しい問題があ

るのか，ということを自分なりに勉強をするようになりました．論文を読むこと自体，結構，骨の折れる作業なんですね．なかには何百ページもある論文を読むこともありました．そもそも，数学というのは，人から教わるものではなく，自分で考えて深めていくものだと思うので，そのためには，他の研究者の論文を読むことはとても勉強になりました．

　そうやって，修士1～2年のころには，自発的に論文を書き始めて，専門のジャーナルなどに投稿していました．数学の場合，論文を書くのはもう少しあとになってから取り組む人が多いのですが，僕の場合はわりと早くから論文にとりかかっていたように思います．まぁ，離散数学自体が，ほかの数学の分野に比べると論文が書きやすいということもあったのかもしれません．今でも，修士から論文を書き始める人というのは，あまり多くないでしょう．そんなこともあって，じつは博士には1年しか行っていないのです．

えっ，1年で博士をとってしまったんですか!?　それはすごい……．

　早期終了制度の適用を受けて，さっさととってしまいました．当時から，学位にはあまり価値を感じていなかったこともあります．学位というのは研究者としてスタートを切るために必要なものではあるけれど，とにかく博士をとって，できるだけ早くアメリカに渡ろうと思っていました．

――数学はアメリカが進んでいるのですか？

アメリカが，というよりも，プリンストンを中心に優れた研究者が集まっている，といったほうがいいでしょうね．もっともアメリカでは，不景気だった1990年代に，多くの研究機関で基礎研究の費用が減らされましたが，数学だけはむしろ増やしたという実績がある．情報産業を牽引しているだけあって，数学を重視している国であることは確かです．

　早くアメリカに行きたかったのは，数学者というのは，とくに若いときのひらめきが重要だといわれていたからです．若いうちにトップクラスの研究者と一緒に仕事をして経験を積むことが大切だろうと焦っていました．実際に，アメリカでの経験は，自分にとってとても大きかったと思います．

――ニールス・アーベル（1802〜1829）やエヴァリスト・ガロア（1811〜1832），シュリニヴァーサ・ラマヌジャン（1887〜1920）など，数学者の中には，夭折の天才数学者がいますが，やはり数学者というのは若いほうがいい仕事ができる，といったことがあるのでしょうか？

　若くなければならない，ということはないと思います．ただ，年をとればとるほど，ほかにやらなければならないことが増えてきて，集中できなくなるように思う．つまり，時間がなくなってしまうんですね．年をとっても，ずっと時間を持ち続け，じっくりと問題に取り組める環境にあれば，関係ないのかもしれません．エルデシュなどは，まさにそういうタイプの人でした．つまり，頭自体が衰えることはないように思う．もっとも，

体力は衰えますけれど，それ以上に怖いのは，やる気が衰えること．数学と対峙するためには，やる気や体力，集中力が必要なことは間違いないと思います．

― Column 8　夭折の数学者たち ―

　数学者の中には，神童と謳われ，幼少期から才能を発揮したにもかかわらず，志半ばで夭折してしまった人が少なくありません．

　ノルウェーの数学者ニールス・アーベル（1802〜1829）は，若くからその才を発揮して，多数の研究論文を雑誌に投稿．1824年には，パリ科学アカデミーに「超越関数の中の非常に拡張されたものの一般的な性質に関する論文」を提出し，五次以上の代数方程式には解の公式が存在しないことを証明しました（アーベル–ルフィニの定理）．さらに，楕円関数に関しても多大な功績を残し，のちの数学者から500年分の仕事をしたと賞賛されました．しかし，生前は評価されることなく，26歳という若さでこの世を去りました．

　フランスの数学者のエヴァリスト・ガロア（1811〜1832）は，10代の若さで，ガロア理論の構成要素である体論や群論の先駆的な業績を残しました．また，先のアーベル–ルフィニの定理を大幅に簡略

アーベル

化し，より一般化して世に示しました．ガロア理論はのちに現代数学，物理，コンピューター・サイエン

ガロア　　　　ラマヌジャン

スなど，20世紀以降の科学に多大な影響を与えます．しかし，彼の言によれば,「つまらない色女」に引っかかり，二人の愛国者に決闘を申し込まれて，1832年5月30日に決闘して負傷．翌31日に亡くなってしまいました．享年20歳という若さでした．

　インドの数学者シュリニヴァーサ・ラマヌジャン（1887〜1920）は，南インドの極貧のバラモン階級の家庭に生まれ育ちました．幼少期から学業に秀でて，奨学金を得て大学に入学したものの，数学に没頭しすぎて授業に出なかったため退学になってしまいます．その後，港湾事務所で働いていましたが，周囲の勧めで，独学で手に入れたいくつかの公式や定理を手紙に綴り，イギリスの研究者宛に送付．その手紙がケンブリッジ大学のハーディ教授の目にとまり，1914年に，ケンブリッジ大学に招聘されました．しかし，慣れないイギリスで体を壊し，インドに帰国後，1920年，33歳で亡くなりました．正

式な数学教育を受けていなかったにもかかわらず，ラマヌジャンは短い生涯の中で，3000以上もの数学の公式を発見したといいます．これほどの公式をどうやって思いついたのか，いまだに数学者たちの間では謎とされています．

5. 風変りな数学者たち

——それでさっさと博士をとって，アメリカへ渡られたわけですね？

そうです．アメリカでの2年の留学のうち，1年間はプリンストン大学に在籍していました．プリンストン大学のすぐそばには，プリンストン高等研究所（Institute for Advanced Study）という世界最高峰の学術研究機関があって交流も盛んに行われていることから，プリンストンというのはいわば，数学・物理の研究者にとっての聖地のようなところなんです．ずっと憧れていました．

プリンストン高等研究所の出身者には，アルベルト・アインシュタイン（1879～1955）や日本の理論物理学者・湯川秀樹（1907～1981），ジョン・フォン・ノイマン，不完全性定理を提唱したクルト・ゲーデル（1906～1978）など，伝説的な数学者や物理学者が名を連ねています．また，この研究機関に所属できるのは30人弱の本当に優秀な研究者だけなのですが，毎年，ビジターと

して多く研究者が招聘されている．ちなみにエルデシュもその一人でした．高等研究所ではセミナーなどもやっているので，僕もちょくちょく顔を出していました．

また，僕が留学していたプリンストン大学には，フェルマーの定理を解いたアンドリュー・ワイルズや，映画『ビューティフル・マインド』の主人公のモデルになったジョン・ナッシュがいました．偶然にも，ナッシュとはメールボックスが隣同士だったんです．

——それはすごいですね！　どんな方なんですか？

週に1～2回しか大学にはきていなかったようなので，あまり会うことはなかったのですが，ほとんど誰ともしゃべらないし，人と目を合わせようとしない，内向的な感じの人でした．僕が留学していたのは，ちょうど，ナッシュがノーベル経済学賞をとって，その後，映画が公開された時期ぐらいだったと思います．

実際に人と交流をしないということもあるのでしょうが，若いころは精神的にかなり病的な状態にあったようで，昔からいる教授たちはナッシュのことを避けていました．映画で描かれたように，被害妄想が激しい時期があったので，周囲の人たちはよほど嫌な目に遭ったのかもしれません．今はすっかり落ち着いていて，ちょっと内向性の人なのかな，という程度にしか見えませんでしたけど．

——エルデシュといい，ナッシュといい，ペレルマンといい，数学者には風変わりな人が多いですね……．

ペレルマンのことはよくはわからないけれど，フィー

ルズ賞を辞退した人というのは，唯一，彼だけですね．数学界を避けている背景には，政治的な要因もあったように聞いていますが，詳しいことはわかりません．ペレルマンが問題を解いたことには間違いがないけれど，その証明のベースには，他の優秀な数学者が積み上げてきた仕事が存在しているということとも，関係しているのかもしれません．

彼自身，「あの問題は別の人が解いても不思議じゃなかった．クレジットは連名にすべきだ」という発言をしていたといいます．でも，フィールズ賞を受賞したのはペレルマンだし，10年後も，100年後も，あの定理はペレルマンの定理でしかない．ワイルズが解いたフェルマーの定理も同様です．ワイルズの証明のベースには，「谷山・志村予想」という，日本人数学者の研究があるのですが，そのことは一般の人にはほとんど知られていません．ペレルマンという人は，非常に純粋で高潔な人だということなので，そうやって自分だけが評価の対象になることに抵抗があったのかもしれません．

ポアンカレ予想を解いて，その検証が行われているときくらいまでは，わりと普通の人だったと聞いていますが，今ではどうやって連絡をとったらいいのか，居場所さえはっきりしないようです．現在も籠って，他の研究に没頭しているようだとか，いろいろな噂は聞こえてくるのですが，研究の成果としては，ここ10年くらい何も発表していないと思います．たいていの数学者はどこかの研究機関に所属しているし，何年も音信不通になっ

てしまうなんてことは許されませんけどね.

　正直いって,昔は僕自身,数学者に対して,あまりいいイメージをもっていなかったんですよ.変わった人が多いし,社会とあまり接点がないというか,一人でコツコツ研究をやるイメージをもっていました.僕が学生のころは,就職もよくなかったですし.でも実際にはずいぶんとイメージが違いました.研究者として職を得るとなると相変わらず厳しいのですが,就職ということでいえば,金融関係とか情報関係とかいろいろある.今や,数学は社会でもっとも求められている学問の一つといっていいと思います.

6. プリンストンのお茶の時間

――実際にチームを組んだり,他の研究者と共同で問題を解く,ということも多いのですか?

　ええ.とくに海外では,エルデシュのように,数学者たちはいろいろな人と交流をしながら,仲間で問題を解くことが多いですね.問題に行き詰まったときに,誰かと議論したり,助言をもらったりすることで突破口が開けることが多々ある.そうしたこともあって,人脈を築いて研究の幅を広げていくというスタイルの研究者のほうがずっと多いように思います.

　ナッシュやペレルマン,アンドリュー・ワイルズのように,人との交流を絶って,一人で籠って研究するような研究者は,むしろ少ないんじゃないでしょうか.

そういえば，プリンストン大学では午後3時か3時半ごろから30分ほど，皆でお茶をしながら，議論をするという伝統があるんですよ．同じく，高等研究所でもお茶の時間があって，すべての学科の先生が集まってくる．イギリスのケンブリッジ大学やオックスフォード大学などでも，お茶の時間が設けられていると思います．そこで教授同士が意見交換をしたり，交流を深めたりする．教授だけでなく，学生たちにも開放されていて，僕もよく顔を出して，議論に加わっていました．

　もっとも，お茶の時間に研究の真面目な話をするということはほとんどなくて，他愛のない日常会話を楽しむことのほうが多かったように思います．ちょっとした息抜きという感じでしょうか．

　そういえば，プリンストンでは会議をランチの時間に行うのが慣例になっていました．そうすることで出席率が上がり，会話も弾み，効率的に進めることができるという理由からです．

――日本の研究機関でも，お茶の時間があったりするのですか？

　残念ながら，そういう時間を設けて，習慣化している大学はないでしょうねぇ．国立情報学研究所でもそういう習慣はありません．うちは皆，個室で仕事をしているので，1年に数回しか顔を合わせない先生もいるほど．もう，階が違えば，会議くらいでしか会う機会がありません．

　一方で，プリンストンのときは，個室を二人でシェア

していました．さすがに教授には個室が用意されていますが，研究員同士は相部屋です．お茶の時間と同じで，これもまた，研究者同士の交流を深めるための工夫の一つなのでしょう．

7. アメリカの評価と日本の評価の違い

　プリンストンに行ってもっともよかったことは，ビジターも含めて最先端の研究に携わっている超一流の人たちと交流できたことです．とくに，高等研究所というのは数学も物理も基礎の研究，すなわち理論をやっている人たちばかりの集団で，世界中から錚々たる面々が集まっていました．人に対する投資という意味で，これほど秀でた研究所はありません．
　——じゃあ，実験室なんかがあるわけじゃないんですね？
　まったくありません．こういう研究所は，世界でも類を見ないでしょう．超一流の研究者たちから，毎週，最先端の話を聞くことができるわけですから．大変刺激になりました．
　また，彼らから研究に対する姿勢を学んだことも大きかった．研究に対してどういうアプローチをしているかとか，どのようにマネジメントをしているかとか，多忙な中でどのように時間をつくっているのか，とか．プリンストンの先生は皆さんとても忙しいので，研究のための時間を確保するのが難しいのです．そういう中でも，きちんとマネジメントもやるし，感心させられることが

多かった．研究のためとなったら，3時間くらい集中して，一切，雑用はしないとか，時間管理もきちんとやっている．

じつは，アメリカは競争社会なので，日本よりも評価がシビアだというのもあるからなのです．マネジメントがきちんとできないと，すぐに評価で白黒つけられてしまう．また，過去にどんなにすごい成果を上げた人でも，近々の5年間で成果を上げていなければ，給料が下がるといったペナルティを課されているのです．

——**厳しいですね．**

研究で成果が上げられないのなら，せめて，教育のほうで貢献しろということで，授業数が増えてしまう場合もある．そうなると，皆，必死に研究をやらざるを得ない．研究の時間をちゃんと確保するために，マネジメントも効率化しなければならない．厳しい評価システムが，いい循環が生み出しているように思います．

——**日本とは，かなり違うのですか？**

違いますね．日本は横並び意識が強いし，一度，教授になってしまったら安泰みたいな雰囲気がある．

僕は，日本の大学の先生方の評価も，アメリカ並みに厳しくしたほうがいいんじゃないかと思っています．現状のように，論文数や講義を評価するだけでなく，研究内容を精査して，専門家がきちんと評価することで，結果的に研究の進展につながるのではないかと考えています．

そもそも，アメリカでは大学の先生が横並びだとは思

っていない．能力に応じて明確に差をつける社会ですからね．日本の場合は，皆，平等だから，多少の差はあったとしても，プラスアルファでしかない．そこが根本的に違うところかもしれません．

8. いかにして研究成果を発表するか

——でも，研究の評価というのは難しそうですね．何か賞をとったりすればわかりやすいですが，通常はどうやってキャリアを積んでいくのですか？

やはり，論文を投稿することが重要です．実際にジャーナルに論文が掲載されるようになると，国内外のさまざまな研究者から問合せやフィードバックがあったりして，評価につながっていく．張り合いにもなります．実際に，数学者の評価は，論文に対してしかなされないものなのです．

——でも，数学の世界では専門分野が違えば，たとえ専門家でもチンプンカンプンだったりするわけですよね？　論文の審査をするほうは大変ですね．

そうですね．数学の場合，論文を投稿して，審査を受けてからジャーナルに掲載されるのに，1～2年かかるのが普通です．その証明が正しいのかどうか，正当性をきちんとチェックしなければならないので，その審査にあたる人は本当に大変だと思います．

一方で，僕の場合は，コンピューター・サイエンスの分野でも論文を発表することがあるのですが，こちらは

まったく様子が違います．コンピューター・サイエンスでは，国際会議で論文を発表することが，研究者として認められるための第一歩になります．しかも，この国際会議は複数あって，会議ごとに格が違う．トップクラスの研究者は，トップクラスのメジャーな国際会議でしか発表しないし，その国際会議で発表すること自体が評価の対象になるのです．一方で，数学の場合は，掲載されるジャーナルの格付けが重要になってきます．

──工学系と数学系では，研究費にも大きな違いがありそうですね．

それはもう桁違いです．工学系だと，大がかりな実験装置が必要なことが多いので予算も大きくなりますが，数学の場合は，基本的には紙と鉛筆，パソコン，ホワイトボード，資料があれば事足ります．あとは学会などに行くための旅費くらいでしょうか．もちろんスーパーコンピューターにはべらぼうな予算が必要ですけど．

今は，コンピューター・サイエンスは学生にすごく人気があって，予算がつきやすいというのもあります．だから優秀な学生が集まりやすい．一方で数学のほうは，予算もつかないし，人気もあまりない．そこで逆転現象が起こっていて，コンピューター・サイエンスの分野に所属している人が数学をやっている，なんてこともよくある．それは，数学が現実社会の問題を解くという使命を担っていると思えば，悪い傾向ではないとは思いますが──．

今後，抽象的な数学の分野というのは，縮小はしない

までも,大きくなることはないように思います.もちろん,そうした抽象的な数学も非常に重要で,何十年,何百年経ってから,世の中の役に立つこともあり得るので,なくなることはありません.ただ,やはり今後は,ますますコンピューター・サイエンスの分野での数学の役割が大きくなっていくでしょう.

9. 国際学会のこと

——学問分野の違いで,成果の発表の仕方も違ってくるんですね.先生はどんな学会に出られているのですか?

離散数学関連の学会のほか,コンピューター・サイエンスやオペレーションズ・リサーチ関係の学会,AI(人工知能)学会などにも顔を出すことがあります.

——AI学会にも?

昨年,初めて出たのですが,そこではスケジューリングの話をしました.人工知能とは少し違うような気もしますが,最近では,人工知能で扱う分野が広がってきていて,当初のコンピューターに思考能力をもたせようという目的から,ずいぶん変化しています.ある意味,なんでもありな状態になっている.より学際的な学問になりつつあります.

AI学会にはジャーナリストがたくさんきているのも特徴的です.コンピューターに思考をもたせるという夢は,ある意味,もうまったく不可能といってもいいと思いますが,それでもこれだけAIが脚光を浴びるという

のは，それだけ一般の人からの期待が高いということなんでしょう．数学の学会にジャーナリストがくるなんて，ほとんどないですからね．

　そういえば，一度だけ，ペレルマンがポアンカレ予想を解いたときは，マスコミから脚光を浴びたことがありました．ペレルマンの講義がプリンストン大学で行われた際，僕もその場に居合わせたのですが，教室に入りきれないほど人であふれかえっていました．ちょっと前から，どうやら世紀の難問を解けたらしい，と噂が広がっていたんですね．それこそ歴史的瞬間を捉えようと，皆，固唾をのんで講義を見守ったのです．ところが，結局，そこにいたほとんどの人が，そこでどんな証明が行われているのか，まったく理解できなかった．僕も5分で落ちました……（笑）．いや，5分ももたなかったかもしれません．専門家ですらまったくわからなかったわけだから，せっかく集まったメディアはまるで理解できなかったでしょうね．講演の仕方も，完全に数学的なものでしたし，その講演には，「ポアンカレ」という言葉すら出てこなかったのです．

　講演が終わったことすら，多くの人は気づかなかったでしょう．あの場にいた500人のうち，98％くらいの人が2〜3分で落ちて，残りの2％も半分くらいのところで脱落したと思いますよ．もっとも，ほとんど野次馬感覚で聴きに来ていたのでしょうけど．

――それはおかしいですね（笑）．ところで国際学会も，やはりアメリカで開催されることが多いのですか？

離散数学とか，コンピューター・サイエンス系は北米が多いですね．ちなみに，2012年1月16〜19日まで4日間にわたって，日本（京都）で開催された離散アルゴリズムに関するACM-SIAMシンポジウムは，初めて北米以外で開催されたものでした．僕は日本側の組織運営を任されたのですが，かなりプレッシャーでしたね．

　一番の課題は，どうやって出席者を集めるか，ということ．論文のレベルに関してはまったく問題はなかったのですが，北米を離れることで，参加人数が減ってしまっては困りますからね．そのためにも，いかに優秀な研究者たちを集めるか，というのが課題になりました．

──結局，人は集まったのですか？

　ええ，おかげさまで．登録した人は350人くらいで，学生ボランティアも含めると380人くらいになりました．例年は300人強ですから大盛況です．開催地が京都だったというのもよかったのだと思います．学会のついでに観光したいという人も多いですからね．唯一のミスは，といってもホテル側のミスですけど，バイキングスタイルで頼んだ食事が足りなくなったこと．この会議は若い研究者が多いし，多くが外国人なので，食べる量の見積もりが甘かったのだと思います．食べ物の恨みは後々まで残るので，これは痛い失敗でした（笑）．

　ちなみに，投稿された約520の論文のうち，受け入れられたものが130強．いずれもレベルの高いものばかりでした．

──当然，河原林先生も論文を投稿されていたのですよ

ね？

　ええ，私は今回，3本アクセプトされて，発表しました．論文は何本出しても自由なので，数年前には5本出したこともあります．先ほどもいいましたが，権威ある会議で論文を受け入れられること自体が，評価の対象になるのです．

――複数の論文を並行して書くのですか？

　そうですね．論文締切りの半年くらい前から，並行してやっていたと思います．まぁ，実際に書き始めたのは2か月前くらいでしょうか．それまでは構想を練っている，という感じです．

――他の方の発表はどうでしたか？

　組織運営のほうが大変だったし，自分の発表もあったので，実際には10本くらいしか聴けなかったと思いますが，やはり，ただ論文を読むのとは理解が違います．大変勉強になりました．また，多くの研究者と情報交換ができたことも，大きな収穫でした．

10. メモとホワイトボードは必需品

――数学の問題を考えるときは，じーっと机に向かって考えるほうですか？

　僕の場合は，かなり動き回るほうですね．座って考えるのは得意ではないのです．だいたい，座りたくても，自宅の書斎の椅子は，いつも猫が陣取ってしまっているし．今，うちに猫が2匹いるのですが，そのうちの1匹

とは相性が悪くて，僕に反抗的なのです．その仔が書斎の椅子を陣取っているので，膝に乗せることもできません．どかそうとすると怒るし，僕が座って仕事をしていると，目の前にやってきて，「お前，どけっ！」っていう目で見るんですよ（笑）．だから，余計に座ることができなくて，ウロウロと動き回って考える羽目になる．でも，じーっとしているよりも，動いているときのほうがアイディアが浮かぶことが多いから不思議です．

　それから，数学の問題を考える際に，自分にとってホワイトボードは必需品です．ホワイトボードに大きく図を描いて考えるとイメージがわきやすい．それは一人でも，共同研究者と議論するときも同じですね．

　ちなみに，プリンストン大学では，教室だけでなく，廊下など至るところに黒板が置かれていて，アイディアが思い浮かんだら，いつでもどこでも図や式がメモできるようになっています．たまに「消さないでください！」と書かれた横に，数式の走り書きがしてあったり．プリンストン大学だけでなく，マサチューセッツ工科大学でも，あちこちにホワイトボードが置いてあって，議論の跡を見ることができます．廊下のホワイトボードの前で，何か書きながら，立ち話で議論をしている光景を見かけることもよくありました．

　これはアメリカの研究機関のじつによいところで，違う分野の人でも，廊下ですれ違ったときにちょっと立ち止まって話をしたり，その場で議論ができるというのは，日本でも見習いたい文化だと思います．

第5章　計算もプログラミングも嫌いだから数学者になった⁉︎

11. 難問を解かずにいられない数学者の宿命

——どういうところに数学の魅力があるのですか？

前にもお話したように，数学には，未解決の難問というのが山ほどあるのです．そういう難問が解ければもちろん嬉しいし，解けなくても，難問に対して，なんらかのアプローチを思いついたり，本質的な貢献ができたりすれば，やっぱり嬉しいですよね．

——**誰もが挑戦したくなるような難問も，たくさんあるわけですよね？**

そうです．フェルマーの最終定理やポアンカレ予想も，そういった類の難問で，50年も60年も解かれていない問題などはざらです．おそらく，何千人という数学者たちが，難問に挑んで人生を棒に振ってきたのではないでしょうか……．でも，やはり数学者なら，誰だってそういう難問に挑みたくなるものだと思います．

——**ポアンカレ予想を解いてみようと思ったことはなかったのですか？**

それはないですね．分野が完全に違うわけでないないけれど，あの問題に手を出そうとは思わなかったなぁ．実際に，トポロジーを使って解かれたわけではないですし．

ただ，いつも複数の問題のアイディアを温めてはいます．おそらく，毎日，頭の片隅でずっと考えているんじゃないでしょうか．電車に乗っているときとか，駅まで

歩いているときとか．やはり，歩いているときのほうが，アイディアが浮かびやすい．そういう研究者はとても多くて，散歩を日課にしているという話はよく聞きます．

――そういう難問だと，どこから手をつけていいか，悩みそうですね……．

そうですね．まぁ，いろいろなアプローチの仕方があって，今，向き合っている問題よりもちょっと簡単なものや小さな例，具体的な例から調べていく方法もあれば，その問題に近い問題の解法を思い浮かべて，それを当てはめていく場合もあります．

もっとも，目の前の研究もあるし，仕事もあるし，100％その問題に集中しているわけではありません．もし，100％問題に集中してしまったら，人生を潰してしまうと思う．日常生活が送れなくなってしまうような気がします．そうやって歯止めをかけておかないと，数学の問題というのは麻薬みたいなもので，すぐにのめり込んでしまうから恐ろしい．もちろん，1年くらい研究活動も何もせずに，その問題にだけ集中してみたい，という気持ちになることはあります．でも難しいのは，1年経って解けなかったときに，簡単に諦めることができるかってことですね．

ちなみにワイルズは，フェルマーの定理を解くのに，7年も屋根部屋に籠って，独りで黙々と研究を続け，世紀の難問にようやく終止符を打つことができたといわれています．ところが，問題を解いたと発表したあとに，

論文に綻びが見つかり，それを修正するのにさらに，地獄のような1年を費やすことになってしまった．

　ペレルマンも，人との交流を避けて，それこそ人生をかけて難問に挑んだ人です．そもそも，その問題が本当に解けるかどうかという保証がないのに，それに打ち込めるというのは，本当に強い精神力が必要だろうと思います．逆にいえば，それほどに，数学の難問というのは，多くの数学者を惹きつけてやまないものなのです．

——当然，壁にぶつかることがあるわけですよね．そういうときはどうするのですか？

　なかなか状況が打開できないときには頭を切り替えることが必要です．僕の場合は，ボケーッと頭を空にする時間が必要なので，猫と遊んで気分転換しています．問題を解いていて，最初に浮かんだアイディアではうまくいかないときには，思い切ってそのアイディアは捨ててしまわないと先に進むことはできません．最初のやり方に固執してとらわれたままでいると，絶対にうまくいかない．そのためにも，いったんボーとして頭を切り替えて，さっきの自分のアプローチじゃダメだということを自分に言い聞かせる必要があるのです．

——なるほど……．でも，その方法じゃダメだということが，どうしてわかるのですか？

　いや，たぶん，わからない．もしかしたら合っているのかもしれない．でも，これ以上，進歩がなさそうだな，という直感が働くときは，やっぱりダメなものなのなんですね．それはもう，自分の感覚でしかないので，

うまくいえないのですが……．そして，諦めて捨てる．そうやって，ダメだったことだけは，ちゃんと覚えておくのです．こういうアプローチではダメだったな，ということを記憶にとどめておかないと意味がありません．難問に根気よく取り組む姿勢と同時に，そういう諦めて捨てるという潔い態度も必要なんじゃないかと思っています．

――絶対に解けるという保証はないのに人生を捧げるというのは，本当に勇気がいることですね．実際に，人生を捧げて，途中で挫折していった人たちがたくさんいるわけですよね．

ただ最終的に問題を解くことができなくても，そうした難問に貢献してきた人たちというのも，やはりじつに偉大なんですよ．何百年間もにわたる先人たちの功績があってこそ，ワイルズもペレルマンも難問を解くことができたわけですから．ただ，その先人たちがやってきたことを理解すること自体がじつに大変な作業です．最終的に問題を解いた人たちは，先人たちの功績を読み取ることにも，多大な労力を割いている．それこそ何年もの歳月をかけているんですね．

――問題を解くことはできなかったけれど，それに貢献した人たちというのは，どういうタイミングで成果を発表するのですか？

それは人それぞれでしょう．ある程度の成果が出たら発表する人と，ある程度の成果があっても，とことん突き詰めて，もうどうにもならないと思って発表する人

と，当然，論文に書いて発表した瞬間に，皆に成果をさらすことになって，たとえそれが自分のアイディアだとしても，すべて皆のものになってしまいます．数学での成果というのは，人類共通の知的財産であって，特許をとることはできません．だから，そのアイディアを使って，誰かが問題を解いてしまったとしても，自分の貢献はほぼゼロになってしまう．最後に問題を解いた人にクレジットが与えられてしまうのです．おそらく，何年も人生を捧げていても，何も発表しないまま，墓場まで持っていってしまった人というのも，たくさんいると思いますよ．

　フェルマーだって，思わせぶりに，「私はこの命題に真に驚くべき証明をもっているが，余白が狭すぎるのでここに記すことはできない」と書いて，証明を残さないまま亡くなってしまった．ワイルズが解いた方法というのは，フェルマーがいた時代の数学より進んだ手法を使っているので，フェルマーがどういう方法でこの問題を証明しようとしていたのか，いまだに謎のままです．

　僕もいつか，世紀の難問を解いてみたいという夢はもっていますが，一方で，本当にそれを達成してしまった人というのは，それはそれで大変なんだろうなぁとも思っています．解いてしまった瞬間に，達成感とともに，燃え尽きてしまうでしょうね．何年もその問題に取り組んできたのに，人生最大の目標を失ってしまうわけですから．

──人生を捧げられるほどに数学というのは，面白くもあ

り，恐ろしくもあるってことですね．

　数学者といえば，問題を解いた人が脚光を浴びがちですが，実際には，重要な問題を提起する人や，理論構築ができる人，新しい分野を切り開くことができる人というのが，より重要なのだと思います．ほとんどの数学者は問題を解くことに躍起になってしまうけれど，フェルマーやポアンカレのように，重要な問題を提示した人は，ある意味もっとすごい．だから，そういう人にも，クレジットがちゃんと与えられるのですね．いい問題を見つけることができる能力というのは，研究者にとっては一流の証だし，もっとも重要な能力だと思います．問題を解くことなら，素人だって，学生にだって取り組むことはできます．

――先生ご自身は，どのタイプに属しているのですか？

　僕はどちらかというと，やはり問題を解く側です．でも，いずれは問題を提示したり，新しい分野を切り開きたいという夢はあります．もっとも，数学者の多くが，若いうちは問題を解くことに時間を割いている．若いころはがむしゃらに興味のある問題を解いていって，年をとって，だんだんに視野が広がって，理論構築を進めていくという人が多いように思います．ナッシュもそういうタイプです．若いころは数学でいい結果を出して問題解決に貢献したけれど，その後は，経済学にインパクトを与えた「ナッシュ均衡」などを提示しました．

　ただし，数学の定式化というのは，未来にわたってインパクトがあるものかどうかというのは，現時点ではわ

からないことも多い．重要な難問だと思われてきたのに，解かれてしまったら，たいした問題じゃなかった，なんてことも起こり得る．シャノンのように，未来を見据える力を備えた研究者になりたいですね．

——いつか，河原林先生の名前を冠した定理が生まれることを期待しています！

一方で，離散数学というのは，実世界と結び付いている部分が大きくて，逆にいえば，完全に解けなくても，そこそこいい解を出せばいい，という側面もあるわけですよね？　それは数学者からすると，多少歯がゆい部分もあるんじゃないのでしょうか？

やっぱり，純粋数学をやっている人から見ると，厳密ではない，というのは嫌ですよね．たとえば，離散数学では，計算速度を速めるために，結果への影響が低いものをどんどん削っていく必要があるのですが，それは本来の数学者の態度としては望ましいものではありません．というのも，そうしたちょっとした影響が，数学の証明を崩壊させてしまうことがよくあるからです．

——**数学者としてのあるべき姿と，離散数学者としての使命の間には，ジレンマがあるということなんですね．**

そうです．数学者から見れば，厳密でない答えは認められないけれど，カーナビで求められているのは，厳密な答えではなく，即効性のある結果です．それはもう，数学者としてのアプローチとは全然違うものだと思います．

——つまり，それは数学者のセンスとはまた別モノだという

ことですね．そういうセンスを養うにはどうしたらいいのでしょう．

　それはそれで難しい質問ですね．おそらく，数学的な厳密性を捨てることに慣れる必要がある，ということではないのかと思います．これまでの経験もあるでしょうし，もともと持って生まれた性格にもよるかもしれません．つまり，一口に数学者といっても，いろんなタイプの人がいなければ，問題は解決できない，ってことでもある．

　逆にいえば，これからの時代は，さまざまな数学者が求められるようになる，ということなのではないでしょうか．だから，ちょっと計算が苦手だからといって，自分は数学者には向いていないなんて決めつけないでほしい．一人の頭脳ではなく，違ったタイプのさまざまな数学者の集合知によって，これからの社会に貢献していくことができるはずです．

　数学の道は誰にでも開かれているし，実社会と密接に結びついていて，大いに期待されているということを，もっと多くの人に知っていただきたいと思っています．

12. ERATO のこと

——ところで，河原林先生はこのたび，（独）科学技術振興機構（JST）の戦略的創造研究推進事業（ERATO）の研究総括に選ばれたそうですね．30歳代での研究総括は，5人目という異例の選出だと聞きました．

そもそも「ERATO」とはどのようなものなのでしょうか？

　JSTが実施するERATOというのは，科学技術の源流をつくり，社会・経済の変革をもたらす科学技術イノベーションの創出に貢献するためのプログラムです．いわゆる競争的資金，つまり政府から提供される研究費で実施するプロジェクトになります．

　JSTの戦略的創造研究推進事業の中には，そのほかに，チーム型研究の「CREST」や個人の研究者を対象とした「さきがけ」などがありますが，それらと比べて，ERATOは予算規模が大きいのが特徴です．ちなみに，今回は5年半の研究に対して，最大約12億円の予算がついています．このプロジェクトには，おそらく2020年くらいまで関わることになるでしょう．

　このERATOがユニークなのは，研究の責任者である研究総括を他薦で選ぶ点にあります．通常，競争的資金を獲得するためには，なんらかの募集に対して自分で応募して，そこから選考が始まりますが，ERATOの場合は推薦公募という形をとっているため，自分で応募することはできません．僕の場合も，2012年の1月ごろにいきなり，「ERATOの最終候補に選ばれたので，研究内容を提案してください」といわれて面食らいました．

——何人くらいの候補者の中から選ばれるのですか？

　JSTが独自に調査して推薦する研究者も含めて，合わせて約2000人くらいでしょうか．例年は4〜5人の研

究総括が選ばれるのですが、今年は少なくて、僕のほかもう1人の2人だけでした.

選考は、幅広い研究分野の中からパネルオフィサー（PO）という選考の責任者を数名決めることからスタートします．そして、POが分野ごとに候補者を十数名に絞る．この候補に残った段階で、初めて候補者に連絡がくるという手順になっています．

もちろん、選考に残っても、なかには辞退する人もいます．僕の場合は、せっかく推薦してくださった方もいるわけですし、自分でやりたいと思ってもできるわけではないので、まずは提案してみようと思いました．とはいえ、その時点ではまさか自分が選任されるとは思っていませんでした．

その後の選考過程は次のようになります．1月の打診のあと、3月末に日本語の提案書を提出．その後、POの先生からコメントのフィードバックがあり、今度は5月末までに英語の提案書を書きました．さらに、6月末に日本語による第一次面接があり、最後は7月末に英語による最終面接がありました．

ほとんど何もない状態からわずか数か月で、どういう研究をするのか、どういう人を採用したいのか、どんな研究を出したいのかといったことを、ほとんど自分一人で考えて提案しなければならなかったので、かなり大変でしたね．

——**37歳という若さで選ばれたことについて，ご自分ではどう思われますか？**

情報系は，若い人へのエンカレッジが盛んで，若い人を積極的に登用する動きがあるんですね．そもそも，コンピューター・サイエンスや理論の分野では，35歳くらいまでに世界的に知られていないとその分野を牽引するのは難しいので，他の分野よりも選ばれる人の年齢が低くなる傾向があります．また，POの先生に後日うかがった話によれば，若くて将来のある人にプロジェクトを託したかったということですから，これまでの実績というよりも，これからの研究に期待してくださったのではないでしょうか．

13.「河原林巨大グラフ」プロジェクトが始動

——具体的には，どのような内容の提案をされたのですか？
　プロジェクト名は「河原林巨大グラフ」といいます．この本で何度も触れているように，コンピューターの性能がどんどんよくなっているにもかかわらず，現在，ネットワークを飛び交う情報量というのは爆発的に増えています．この膨大な情報量の増加が，近い将来，私たちの生活を支えるIT基盤に支障をきたす恐れがある．それを，グラフ理論など，最先端の数学理論を駆使して，高速アルゴリズム等の開発によって，予想され得るさまざまな問題を解決していこうと考えています．
　このプロジェクトの中には，たとえば，最近，よく耳にする「ビッグデータ」をどう扱うか，ということも含まれます．従来は，ビッグデータを扱うためには，とに

かくハードウェアの性能を向上させましょうという発想でしたが，もうそれでは追いつかなくなっている．そこで，ハードだけでなく，賢いアルゴリズムの開発が重要になってくるのです．そのアルゴリズムの開発，つまりソフトウェアの開発を手掛けようとしています．

ちなみに，ビッグデータには大きく分けて二つの意味があります．一つは，とにかく情報量が多いデータのこと．Webページとか，Facebookとか，メールアドレスなどもビッグデータの一つですね．もう一つは，データ量自体はそれほどではなくても，そのデータを仕分けようとすると，いくつもの関連の情報がくっついているようなものをいいます．

後者については，たとえば人の情報などがそうです．人の情報には，性別，結婚の有無，子供の有無，職業，年収といった具合に，一人の人にいくつもの項目が紐付けられています．一つの項目に対していくつものデータが紐付けられることで，データ量が倍々で増えていく．こうしたデータも，いわゆるビッグデータの一種です．

今回の提案では，どちらかというと前者の，とにかく巨大なデータを扱うことを念頭に置いています．Webに始まり，ソーシャルネットワーク（SNS），道路・交通網などの巨大ネットワークなど，人数や場所の数にすると10^{10}（100億）以上となるような超巨大ネットワークを対象にします．こうした超巨大データをどう扱って，どう解析するのか，そこからどうやって有用な情報だけを取り出すのか，グラフ構造をもっているようなも

のに特化して扱っていきたいと思っています.

　ビッグデータのもう一つの側面は,時間を追うごとにどんどん情報が増えて,更新されていくことにあります.スーパーでの買い物情報だって,時間ごとに,日に日に増えていってしまう.ブログだってどんどん更新されて増殖する.そうすると,どこかでその情報を捨てざるを得なくなりますが,捨てた情報の中に重大な情報が混じっていたら,非常にまずい.かといって,その情報の何が重要で,何が重要でないかを瞬時に判定するのは難しい.このように,今あるデータから短い時間で予測して,必要なものだけを取り出せるようなアルゴリズムを開発するというのも,このプロジェクトのテーマの一つになります.

　たとえば,事件や事故,災害などが起こったときに,Twitterなどで活発に発言している人やフォロワーの多い人の意見がパーッと拡散していきますが,それらが本当に重要な情報であるとは限りません.テロを引き起こすような犯罪組織にしても,水面下で長期間にわたって,密かに計画を練っていたりするわけで,そういう動きは表だって出ることはないでしょう.しかし,そういう活発ではないネット上の動きの中に,重大な事件の種がある場合もある.そういう動きこそ,本来はキャッチしなければならないのです.

――重大事故の陰には,数百にもおよぶヒヤリハットがあると聞いたことがあります.

　そうですね.だからこれからは,何か事が起こってか

らあとで時間をかけて解析するのではなくて，災害や事故，事件を未然に防げるように，リアルタイムに巨大ネットワーク上で起こっていることをいち早く見つけ出し，対処していかなければならないのだと思います．ただ，そういう水面下の動き，静かに起こっている現象を検知するというのは至難の業です．そういう難しいテーマにも挑んでみたいですね．

——先日，遠隔操作ウイルス事件というのがありましたが，ネット犯罪への対策は後手に回っている印象がありますね．

現在は，そういうネット犯罪について，パターンマッチングや自然言語処理技術などを使って検出しているのだと思いますが，それではもう追いつかないでしょう．しかもそれが可能なのは日本語の場合だけです．こうした犯罪がもっとワールドワイドになっていくと，それこそ情報量が膨大になり，手に負えなくなる．今後は，ネットワークの構造や動きから検知するよりほかありません．ぜひ，そういう社会が抱える難問にも取り組んでいきたい．

ただ，今，頭を悩ませているのは，対象とする巨大データをどこから引っ張ってくるかという点．本当はGoogleやYahoo!などの巨大データを使いたいところですが，そういったものは，一切出してもらえない．図書館のデータなどでも，個人情報が含まれると，外部には公表してもらえないのです．もちろん，ネット上でフリーで入手できるデータもありますが，それだけでは面白

い研究はできそうにない．おそらく，統計数理研究所などが提供するデータを使うことになるとは思いますが，巨大データ自体をどこから入手するのか，というのは大きな課題です．

ビッグデータに宝の山が眠っているといわれるように，今はデータが売買される時代だし，巨大データをもつ企業が強みを握っているといっていい．ただ，せっかくのデータがあっても，宝の持ち腐れでは意味がありません．その使途を見出していくことに，我々の研究を役立てていけたらと思います．

14. シャノンのような人材を育てたい

——ERATO ではチームを組んで，研究に取り組むのですか？

そうです．すでに数人の人を雇ったり，声をかけたりしていますが，最終的にはポスドク以上の研究者が 15〜20 人くらい，大学院生が 20 人くらいのチームになると思います．そのほとんどが 20〜30 代の若手の研究者です．数学理論の専門家が中心になりますが，実社会に直結した問題を扱うため，経済学や心理学の人文系の専門家や女性研究者にも声をかけています．

研究総括を務めるということは，研究はもちろんですが，マネジメントをするということを意味しています．JST からのバックアップはあるにしても，事務所をどうするか，どんな人を雇うかなど，もろもろ決めなけれ

ばならないことがあって，結構，大変なんですね．今ちょうど，優秀な研究者をスカウトしているところですが，そういう交渉にも時間がかかります．チームのメンバーには，基本的に専任で研究にあたっていただくので，来るほうにしてもそれなりの覚悟が必要になりますしね．また，企業の研究者に加わっていただく場合には，働く形態もそうですが，著作権の問題など，事前にいろいろと取決めをしておく必要があります．

――研究総括としてのプレッシャーはありませんか？

もちろんありますが，むしろやり甲斐のほうが大きいですね．その一つが，人材育成に関われる点です．ERATO では，研究成果だけでなく，研究を通じてどれだけいい人材を輩出できるか，ということにも重きが置かれています．このプロジェクトに関わった人が，その後もいい仕事を続けていれば，プロジェクトとしてはある意味成功といえる．だからこそ，まずは最初に，若くてやる気のある人を集める責任があると思っています．それこそ，研究総括としての見る目が問われるところでしょう．

そういう意味では，僕自身にとっても新たな挑戦となります．これまでは自分自身が研究に没頭していればよかったけれど，これからは人を育てなければいけないわけですから．だから，若い人には思いっきりやってもらって，自分は理論研究には口出ししないというスタンスをとるつもりでいます．唯一，口を出すとしたら，応用や実用に関することでしょうか．そうしたことから，こ

のプロジェクトに関わる人は，6～7割は個別の研究をやってもらって，残り3割は実用的な問題に関わってほしいと思っています．理論と応用の両方をきっちりやれる人が育つような環境を用意し，実社会に役立つ数学者を輩出していきたい．きっと面白いプロジェクトになると思いますよ．

——実際に研究者に声をかけてみて，反応はいかがですか？

多くの若い研究者が興味をもってくれていて，嬉しいですね．理論系の人と実用の分野に携わる人のコラボレーションという意味でも，画期的な試みだからでしょうか．数学とコンピューター・サイエンスの分野融合というのは，これまでになかったことなので，期待も大きいのだと思います．

先ほど，僕の究極の目標は，シャノンとかノイマンみたいな仕事をすることだといいましたが，ぜひ，このチームのメンバーで，50年後，100年後を見据えて，社会にイノベーションを起こすような革新的なコンセプトを生み出したいと思っています．僕自身は，一人で籠って考えるような数学者のタイプではないし，本を読んで物事を知るよりは，人から話を聞いて刺激を受けて，自分の考えを深めていくタイプなんですね．だからこのプロジェクトに関わる人には，さまざまな人とのコラボレーションを楽しみながら仕事をしてほしいと思っています．

シャノンやノイマンが生きた時代には戦争があって，ある意味，戦争によって学問が発展したという皮肉な側

面もあるのですが，考えてみると，現代というのももしかすると情報戦争のただ中にあるといえるのかもしれません．情報戦で勝てない限り，国の未来はないかもしれない．実際に，もはや情報を制するかどうかが，国の豊かさや幸福度，国力を決めているといってもいいのではないでしょうか．

そういう時代だからこそ，優秀な数学者たちが情報社会に密接にかかわらなければならないのだと思っています．ものづくりにおいては，日本は間違いなく世界トップレベルですが，これからの時代はそれ以外の部分にももっと注力すべきでしょう．その一翼を担うことができたらいいですね．

これからの日本の情報社会を担うつもりで，情報に関することならなんでも引き受けるつもりでプロジェクトに臨みたいと思いますので，この本を読んだ研究者や，これから数学を目指す人にも，ぜひ，僕たちの研究に関わってもらいたいと願っています．

おわりに

　この本の企画が始まったのは，2010年の夏に私が国立情報学研究所の市民講座を行った直後だったと記憶しています．本来であれば2011年度中に出版されるはずだったのですが，私の作業が遅々として進まなかったため，本書に関わった関係者に多大なるご迷惑をおかけしてしまいました．

　少しだけ言い訳をすると，この2年間で私を取り巻く環境が激変しました．2011年までは，個人的な興味から研究を行い，世界最先端の成果を出そうとだけ考えていました．しかし2012年にJST ERATOに私の研究領域が採択され，国立情報学研究所に私の研究センターを設置することになりました．ERATO（戦略的創造研究推進事業）とは，JST（(独)科学技術振興機構）が，5年強にわたって最大12億円の資金を10年後，15年後に新たな科学の源流を生み出す研究にサポートする制度です．またERATOは国内最大級の研究資金です．ERATOの仕事は予想以上に大変で，本書製作の最終段階では大半の時間をERATO運営に割かなければなりませんでした．

　本書の目的を端的に表現すると，現代社会にあふれる大量の「情報」を数学的に扱う思考を紹介することで

す．残念ながら日本では，数学的なセンスをもつ人材が最先端のIT企業で活躍する場が多くありませんし，またこのような人材への評価もそれほど高くありません．しかしながらGoogle，Yahoo!，Microsoft，eBayなど今をときめく巨大IT企業は，自前で「研究所」をもち，最先端の数学的理論研究を行う研究者を多数雇用しています．彼らは，上記のIT企業で，情報分析，そして製品開発において決定的役割を果たしてきました．

私のERATOプロジェクトでは，理論研究者が最先端のIT企業で重要な役割を果たしている例にならい，巨大ネットワーク解析における理論研究の重要性を世界に強く発信することを最終的な目標としています．本書では，研究者以外の方にも理解できるように上記の重要性を述べていると思います．これは1年半にも及ぶ長いインタビューを通して，私のつたない説明を非常にわかりやすい日本語に書き下してくださったライターの田井中麻都佳さんのご尽力の賜物です．今後私も研究者以外の方に，研究成果を説明する機会が増えると思いますが，田井中さんの表現方法は，大変参考になります．心よりお礼を申し上げます．

また本企画を立案してくださった名誉教授の東倉洋一先生，進行管理を取り仕切ってくださった広報チームの清水あゆ美さん，数学科出身ということで，原稿チェックはもちろんのこと，数学の問題をつくってくださった丸善出版の小西孝幸さん，カバーデザインを手掛けてくださった澤地真由美さん，薬師神デザイン研究所さんに

深く感謝申し上げます．

　最後になりますが，超売れっ子のイラストレーターで，「猫ストーカー」の浅生ハルミンさんには素敵な猫のイラストを提供していただきました．私も田井中さんも猫が大好きで，猫があふれる本になったのではと思います．猫が嫌いな方には，多少？不快に感じることもあるかと思いますが，猫は不思議な魅力をもっているのですよ！　私は猫を2匹飼っているのですが，ライバル関係にある年上の猫には，心の「緊張」をもらい，友好関係にある年下の猫には心の「安らぎ」をもらっています！　2匹とも私にはかけがえのない存在です！

2013年1月23日

河原林　健一

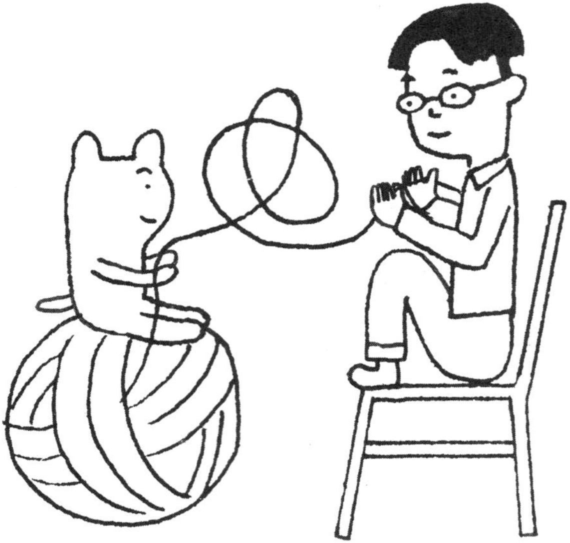

著者紹介

河原林健一（かわらばやし・けんいち）

国立情報学研究所ビッグデータ数理国際センター長.
1975 年東京生まれ. 2001 年慶應義塾大学理工学部博士課程修了（理学博士）. 東北大学情報学研究科助手, 国立情報学研究所助教授を経て, 2009 年より国立情報学研究所教授. 2012 年より JST ERATO「河原林巨大グラフ」プロジェクト研究総括, および国立情報学研究所ビッグデータ数理国際センター長. 専門分野は, 数学分野の「離散数学」, コンピューター・サイエンス分野の「アルゴリズム」, そして「ネットワーク」を扱う学問すべて. 2006 年文部科学大臣表彰若手科学者賞, 2008 年 IBM 科学賞, 2011 年船井学術賞船井哲良特別賞受賞, 2012 年日本学術振興会賞, 2013 年日本学士院奨励賞.
現在猫 2 匹と同居中. 年長の猫「ハナ」とは対立関係にあり日向ぼっこの場所をめぐって日ごろから争いが絶えない. 年下の甘猫「さくら」には毎日遊ばれている.

田井中麻都佳（たいなか・まどか）

編集・ライター／インタープリター．
1966年広島生まれ．1989年，中央大学法学部法律学科卒業．三菱総合研究所，水の文化情報誌『FRONT』編集部を経て独立．科学技術情報誌『ネイチャーインタフェイス』編集長，日立グループPR誌『ひたち』編集長，文科省科学技術・学術審議会情報科学技術委員会専門委員などを歴任．現在は，国立情報学研究所広報誌『NII Today』デスクをはじめ，大学や研究機関，企業のPR誌を中心に活動中．編集を手掛けた書籍に，ロボット研究者・松原仁著『鉄腕アトムは実現できるか？〜ロボカップが切り拓く未来』（河出書房新社），聴覚研究者・柏野牧夫著『空耳の科学〜だまされる耳，聞き分ける脳』（ヤマハミュージックメディア）などがある．分野は，科学・技術，都市，建築，環境，音楽など．専門家の言葉をわかりやすく伝える翻訳者（インタープリター）としての役割を追求している．愛猫の名はネオ．

参考文献

1) ウィリアム・パウンドストーン著,松浦俊輔他訳『囚人のジレンマ』,青土社（1995）
2) 高橋浩樹『双書③・大数学者の数学/オイラー 無限解析の源流』,現代数学社（2010）
3) イアン・スチュアート著,並木雅俊 鈴木治郎訳『明解ガロア理論 原著第3版』,講談社サイエンティフィク（2008）
4) A・I・ボロディーン A・S・ブガーイ編,千田健吾,山崎昇訳『世界数学者人名事典 増補版』,大竹出版（1996）
5) チャールズ・ペゾルド著,井田哲雄 鈴木大郎 奥居哲 浜名誠 山田俊行訳『チューリングを読む』,日経BP社（2002）
6) サイモン・シン著,青木薫訳『フェルマーの最終定理』,新潮社（2000）
7) ポール・ホフマン著,平石律子訳『放浪の天才数学者エルデシュ』,草思社（2000）
8) Clifford A. Pickover "THE MATH BOOK", STERLING（2009）
9) 高岡詠子『シャノンの情報理論入門』,講談社ブルーバックス（2012）
10) Paula K. Byers "ENCYCLOPEDIA OF WORLD

BIOGRAPHY Second Edition", GALE (1998-)
11) 秋山仁,吉永良正『秋山仁の遊びからつくる数学 離散数学の魅力』,(1994)
12) 神永正博『食える数学』,ディスカヴァー・トゥエンティワン (2010)
13) 春日真人『100 年の難問はなぜ解けたのか 天才数学者の光と影』,NHK 出版 (2008)
14) 西成活裕『とんでもなく役に立つ数学』,朝日出版社 (2011)
15) クロード・E・シャノン ワレン・ウィーバー著,植松友彦訳『通信の数学的理論』,筑摩書房 (2009)
16) 髙橋昌一郎『理性の限界 不可能性・不確定性・不完全性』,講談社 (2008)
17) 山形浩生監修『新しい教科書 コンピュータ』,プチグラパブリッシング (2006)
18) 合原一幸編『社会を変える驚きの数学』,ウェッジ (2008)

※ エコキュートは関西電力株式会社,ルンバは iRobot Corporation, Amazon は Amazon.com, Inc., ASCII は株式会社アスキー・メディアワークス,eBAY は eBAY Inc., Excel, Internet Explorer および Windows は米国 Microsoft Corporation, Facebook は Facebook,Inc., Google は Google Inc., Twitter は Twitter,Inc., Yahoo! は米国 Yahoo!Inc. の商標または登録商標です。

―――― 情報研シリーズ 16 ――――

国立情報学研究所（http://www.nii.ac.jp）は、2000年に発足以来、情報学に関する総合的研究を推進しています。その研究内容を『丸善ライブラリー』の中で一般にもわかりやすく紹介していきます。このシリーズを通じて、読者の皆様が情報学をより身近に感じていただければ幸いです。

これも数学だった⁉
カーナビ, 経路図, SNS   丸善ライブラリー382

平成 25 年 3 月 30 日　発　行

監修者	情報・システム研究機構　国立情報学研究所
著作者	河原林　健　一
	田井中　麻都佳
発行者	池　田　和　博
発行所	丸善出版株式会社

〒101-0051 東京都千代田区神田神保町二丁目17番
編集：電話(03)3512-3258／FAX(03)3512-3272
営業：電話(03)3512-3256／FAX(03)3512-3270
http://pub.maruzen.co.jp/

© Ken-ichi Kawarabayashi, Madoka Tainaka
National Institute of Informatics, 2013

組版印刷・株式会社 暁印刷／製本・株式会社 星共社

ISBN 978-4-621-05382-9 C0241　　　　　Printed in Japan